# La ciencia en la sombra



Divulgación

**J. M. Mulet**

# La ciencia en la sombra

*Los crímenes más célebres de la historia, las series y el cine a la luz de la ciencia forense*

DESTINO

Obra editada en colaboración con Editorial Planeta – España



Diseño de la portada: Booket / Área Editorial Grupo Planeta
Ilustración de la portada: Shutterstock


Bajo el sello editorial PAIDÓS M.R.
Avenida Presidente Masarik núm. 111,
Piso 2, Polanco V Sección, Miguel Hidalgo
C.P. 11560, Ciudad de México
www.planetadelibros.com.mx
www.paidos.com.mx

Primera edición impresa en España en Booket: noviembre de 2023
ISBN: 978-84-233-6420-6

Primera edición impresa en México en Booket: abril de 2024
ISBN: 978-607-569-689-8



Impreso en los talleres de Impregráfica Digital, S.A. de C.V.
Av. Coyoacán 100-D, Valle Norte, Benito Juárez
Ciudad de México, C.P. 03103
Impreso en México - *Printed in Mexico*

## Biografía

J. M. Mulet (Denia, 1973) es catedrático de Biotecnología en la Universidad Politécnica de Valencia e investigador en el Instituto de Biología Molecular y Celular de Plantas, del que es vicedirector. En su faceta de divulgador científico ha publicado *Los productos naturales ¡vaya timo!*, y en Destino *Comer sin miedo* (Premio Prismas 2014 al mejor libro de ciencia editado en castellano), *Medicina sin engaños*, *La ciencia en la sombra*, *Transgénicos sin miedo*, *¿Qué es comer sano?*, *¿Qué es la vida saludable?* y *Ecologismo real*. Colaborador en varios pódcast y programas de radio, también es autor de la sección «Ciencia sin ficción» en *El País Semanal*, de «Fotogramas de ciencia» en la revista de divulgación científica *Mètode* y del blog *Tomates con genes*.

@jmmulet

*Para Paula, esperando que cuando*
*crezca encuentre un mundo más*
*justo que el que yo me encontré*

Cerrar podrá mis ojos la postrera sombra que me llevare el blanco día [...]

Francisco de Quevedo

*Here lay Duncan, his silver skin laced with his golden blood [...]*

*It will have blood, they say. Blood will have blood.*

William Shakespeare,
*Macbeth*, II, 3 y III, 4

Seguro es morirse

Popular de Denia
(Marina Alta)

# ÍNDICE

# INTRODUCCIÓN

## BREVE HISTORIA DE ESTE LIBRO

Dedicarte a la ciencia supone vivir con la espada de Damocles del paro sobre tu cabeza. Hasta que ganas una oposición en la universidad o en el CSIC, o te vas fuera de España y no vuelves, te pasas muchos años dependiendo de la próxima beca o de la próxima convocatoria de contratos y proyectos... si existe. Sea como sea, van a valorar principalmente tu productividad científica de los últimos años. Un proyecto que no funciona, una mala relación con el director del laboratorio o un competidor que publica antes que tú y ya estás fuera de la carrera investigadora. En una de esas épocas de la vida en que no sabes si van a aceptar tu artículo de investigación ni si te darán el próximo contrato, decidí hacer un curso de capacitación en genética forense que organizaba la Universidad de Zaragoza, por si en algún momento tenía que buscar trabajo fuera de la investigación en ciencia básica. Al final no hizo falta y pude seguir investigando con plantas. Saqué la plaza de profesor asociado, luego la de contratado doctor y, finalmente, la de titular en el Departamento de Biotecnología de la Universidad Politécnica de Valencia. Y conseguí dirigir mi propia línea de investigación en el Instituto de Biología Molecular y Celular de Plantas (IBMCP), a la que sigo dedicando la mayoría de mi tiempo y esfuerzo en estos años en que tanto cuesta conseguir financiación para investigar. Bueno, a eso, y al Máster de Biotecnología Molecular y Celular de Plantas, que es lo que más trabajo de papeleo exige. A pesar de todo, no quería desaprovechar mi formación adicional. En el último cambio de plan de estudios, fiel a esa costumbre tan española de que cada gobierno cambie todo el sistema educativo, se abrió la posibilidad de ofertar asignaturas optativas para el cuarto curso del Grado en Biotecnología. Se me ocurrió la idea de ofertar una asignatura llamada Biotecnología Criminal y Forense aprovechando lo que había aprendido en el curso y para facilitar la salida a los alumnos que quisieran encauzar su carrera profesional hacia la ciencia forense o la policía científica. Ya habíamos tenido varios en la licenciatura. Era fácil. Solo había que hacer una propuesta de programa de la asignatura, que una vez aprobada por la escuela se publicaría y los alumnos votarían. Solo se ofertarían aquellas asignaturas que fueran las más votadas por los alumnos. Mi propuesta quedó segunda, por detrás de Biología Molecular del Cáncer. El primer año tuve cuarenta y un alumnos y el segundo cincuenta, llegando al cupo máximo establecido para una optativa, así que parece que la asignatura está funcionando.

La docencia se divide en clases teóricas y prácticas. En las sesiones de teoría hablamos de los fundamentos de la ciencia forense y de cómo se hacen las diferentes pruebas y análisis. En las prácticas, visitamos instalaciones de la Ciudad de la Justicia de Valencia o de la jefatura de policía, y médicos forenses o policías científicos cuentan los aspectos pragmáticos de su trabajo a los alumnos. Además, los estudiantes tienen que hacer un trabajo académico que consiste en buscar toda la información posible sobre un caso real no resuelto, o cerrado de forma que quedan dudas razonables de que su resolución haya sido correcta. El trabajo se elige al azar entre los casos propuestos. Estos trabajos han sido uno de los aspectos más agradables de mi carrera como docente universitario y he disfrutado viendo las exposiciones y corrigiendo los pocos fallos que he encontrado. De hecho, en el primer año, las exposiciones fueron de cuarenta y cinco minutos y los propios alumnos me pidieron que fueran de una hora porque querían decir más cosas. Hay que tener en cuenta que la asignatura se imparte de forma intensiva durante un periodo de dos meses. A pesar del escaso tiempo que tienen para prepararlos (en grupos de tres o cuatro personas), los trabajos suelen ser exhaustivos, muy documentados y en ellos realmente aprendí detalles que me eran desconocidos de casos históricos como el asesinato de Kennedy, el crimen de los Galindos o el estrangulador de Boston... hasta que pillé el truco. Como en las películas, un alumno se fue de la lengua y confesó que, cuando contó en casa que tenía que hacer un trabajo sobre la muerte de Hitler, su padre, gran aficionado a la historia de la segunda guerra mundial, se había ofrecido a ayudarle. Así descubrí que los trabajos estaban tan bien hechos en tan poco tiempo porque contaban con la entusiasta colaboración de familiares, amigos y parejas de mis estudiantes. Tengo la sensación de que he hecho más por la unidad de las familias que el Vaticano. Curiosamente, cuando pido trabajos a mis alumnos de las asignaturas *Ingeniería genética para el estrés ambiental* o *Proteómica de plantas*, no despiertan el entusiasmo de su entorno y tienen que valerse por sus propios medios sin ayuda externa. Mi experiencia docente es la semilla de este libro, pero obviamente no basta. También me he valido de entrevistas y datos que me han pasado profesionales de este ámbito, y he leído muchos libros y artículos de investigación. Y alguna cosa más que descubriréis a medida que avancéis en la lectura. Todo por mis lectores.

## Los muertos no tienen glamur

Si has leído la lista de capítulos, quizá te hayas sorprendido. En un libro que trata de cómo la ciencia puede servir para solucionar crímenes, que va a hablar de sucesos terribles y de cómo se resolvieron, resulta que a alguien se le ocurre hacer chistes en el título de los capítulos. La idea se la tomé prestada a la gente con la que hablé en el proceso de documentación previo a su escritura. Conté con la inestimable ayuda de policías científicos, forenses, fiscales, abogados y científicos de laboratorios forenses. Cuando hablan de su trabajo y de sus experiencias, suelen utilizar ese tipo de tono y recurren con frecuencia al humor negro. Por ejemplo, una inspectora de la policía científica me contó que un día encontraron un cuerpo que llevaba varios años escondido entre dos colchones en una pensión de mala muerte en Tenerife. La descripción de la pensión venía a ser como la del Castillo del Terror de una feria cutre y la familia al cargo de ella no desentonaba con la ambientación. Contó que, a medida que revisaban la habitación, se dieron cuenta de que el cuerpo estaba entre los dos colchones porque oyeron el ruido de los «crispies» pisoteados. Los «crispies» a los que se refería con la naturalidad del que los consume en el desayuno eran las crisálidas secas de los insectos necrófagos que sirven para indicar la presencia de un cadáver y pueden ayudar a descifrar las circunstancias de la muerte. De hecho, cuando hablaba de algún caso, siempre se refería con un mote como «El motorista fantasma», «El niño del contenedor» o cualquier otro. «Es que así me acuerdo de cuál es cuál», se justificaba.

Este es el primer golpe que debe superar alguien que se dedica a la investigación criminal. Los muertos no tienen glamur. En las series o películas la sangre es roja brillante, los muertos son guapos, están bien peinados y en posturas dignas, pero es mentira. Lo que ven las primeras personas que llegan al lugar de un accidente o de un crimen violento no se parece a nada que hayas visto. Los cadáveres están en posturas poco estéticas y, si ya han pasado varias horas de la muerte, seguramente sus esfínteres se habrán abierto y estarán rodeados de un charco de sus propias heces y orines, un detalle que nunca verás en *CSI* o en *Bones*. Si han pasado varios días, pueden estar descompuestos, llenos de gusanos o su carne se puede haber convertido en una papilla maloliente. Si ves la foto de la autopsia de Marilyn Monroe, no hay ni rastro de la belleza que encandiló a varias generaciones, sino una cara hinchada e irreconocible. Elvis Presley murió sentado en el váter de la forma que menos se imaginaría ninguno de sus numerosos imitadores. Si coges un atlas de anatomía forense, puedes encontrarte fotos de niños de cuatro años de edad decapitados en un accidente de coche, o de caras destrozadas por un disparo de escopeta donde la mandíbula inferior y la barbilla han desaparecido y la superior forma una siniestra sonrisa o, incluso, algunas peores relacionadas con violaciones y abusos sexuales a menores de las que voy a ahorrarme la descripción. Esto tampoco lo has visto en ninguna película. Si tu trabajo implicara ver escenas como estas de vez en cuando, necesitarías crear un distanciamiento psicológico por el bien de tu salud mental. El humor negro, negrísimo a veces, es una estrategia que utilizan muchos profesionales con este fin. Me di cuenta en las entrevistas que hice durante la documentación de esta obra y he encontrado comentarios similares en otros libros de memorias de médicos forenses. Por tanto, los títulos de los capítulos no son más que un modesto homenaje a los profesionales que, día a día, lidian con lo peor del ser humano para hacer una sociedad más justa.

Por cierto, ya que lo he mencionado, el caso conocido como «El niño del contenedor» estuvo protagonizado por una pareja que estaba a cargo del hijo de una amiga, en un ambiente de miseria y drogadicción. La pareja maltrató al menor, de unos seis años, hasta que se les fue la mano. Para ocultarlo, echaron el cuerpo al contenedor y denunciaron la desaparición del niño. Las incongruencias del relato despertaron el recelo de los investigadores, que los presionaron hasta que confesaron los hechos. Pero había que encontrar el cuerpo. Los investigadores tuvieron que ir al vertedero e inspeccionar las bolsas de basura una a una hasta que, después de semanas de trabajo y mal olor, encontraron los restos del niño, tan descompuestos que no se pudo esclarecer si la muerte fue homicidio, asesinato o accidente, por lo que el caso se resolvió con una condena de siete meses de prisión.

## La fascinación por el mal

¿Por qué los alumnos se matriculan en una asignatura como la mía? El mal nos atrae. No lo reconocemos, pero nos da morbo. En el instituto los empollones no ligan, pero en cambio los repetidores que se meten en peleas, fuman en los baños e insultan a los profesores ejercen de machos alfa y suelen atraer a las chicas más guapas. Posiblemente sea una herencia de nuestro pasado salvaje, en el que un macho musculado y bestia era mejor protección contra los tigres dientes de sable y los osos de las cavernas que un mindundi flacucho y desgarbado que pintaba en las paredes, miraba al cielo tratando de predecir las estaciones o hacía garabatos en una tablilla de arcilla diciendo que había inventado algo llamado escritura. Con el tiempo y para consuelo de los empollones que han pasado toda la secundaria y gran parte de la carrera célibes y a dos velas, consiguen que alguien se fije en ellos y que dejen a aquel novio macarra que las trataba mal... o no. Las cifras de víctimas de violencia machista siguen poniendo los pelos de punta, muchas con denuncia previa. También suceden cosas difícilmente explicables si no fuera por esta fascinación por el lado oscuro del comportamiento humano. Muchos convictos de crímenes horribles y espantosos reciben cientos de cartas de admiradores, e incluso algunos se han casado mientras cumplían su pena. Ted Bundy, uno de los peores asesinos en serie de la historia de Estados Unidos, responsable de la muerte de al menos treinta mujeres, se casó estando en prisión con Carole Anne Boone. En España tenemos a José Rabadán, «el asesino de la katana», que a los dieciséis años mató con una espada japonesa a sus padres y a su hermana de nueve años con síndrome de Down alegando que para él era un juego. En la cárcel recibió cientos de cartas de admiradoras y empezó a salir con una. El 25 de mayo de 2000 Clara García Casado, de dieciséis años, recibió treinta y dos puñaladas a manos de dos compañeras suyas de instituto que querían emular los crímenes de Rabadán, por el que sentían admiración. Esta es otra constante de la investigación criminal, los *copy-cats*, los criminales que cometen crímenes imitando a otro criminal, no por disimular y atribuirle a otro las culpas, ya que en ocasiones se trata de asesinos convictos o fallecidos, sino como homenaje. También existen los que se atribuyen crímenes que no han cometido solo para llamar la atención o como muestra de su fascinación por algún criminal.

No hace falta irnos a los casos extremos, los delincuentes, sean víctimas de trastornos mentales o bien personas perfectamente responsables de sus actos que voluntariamente deciden cometer actos reprobables, son un porcentaje muy mínimo de la sociedad. Todos los actos que menciono en este libro son la excepción. Vivimos en una sociedad aceptablemente segura, donde los crímenes violentos son puntuales y no nos matamos unos a otros. No obstante, a pesar de que la gran mayoría de nosotros nunca nos veremos implicados en un delito grave, ni como víctimas ni como causantes, todos sentimos fascinación por el mal... Hay gente que colecciona objetos relacionados con criminales o asiste a *tours* turísticos (sobre todo en Gran Bretaña) por sitios que han sido escenario de crímenes. No es extraño, pues ya a principios del siglo XIX Thomas de Quincey escribió el libro *Del asesinato considerado como una de las bellas artes* en el que hablaba de la perspectiva artística del asesinato. ¿Quieres un ejemplo cercano? Busca en YouTube y encontrarás vídeos de gente que hace excursiones a la caseta donde se cometió el infame asesinato de las tres niñas de Alcácer, lo graba y lo cuelga.[1] Y te daré otro ejemplo todavía más cercano: ¿qué haces leyendo este libro

1. En <https://www.youtube.com/watch?v=ixngeqMIOjk>.

sobre crímenes y en cuya introducción ya se han mencionado seis o siete cadáveres?

## Crímenes de mentira

La ficción es un recurso para liberar nuestra fascinación por el mal. Toda historia buena tiene un malo carismático. *La guerra de las galaxias* no sería nada sin Darth Wader, ni Harry Potter sin Voldemort, ni *El señor de los anillos* sin Sauron, ni un ecologista sin Monsanto. Esto no es nuevo: ¿qué sería de las películas de vaqueros sin Lee van Cleef, Jack Palance o Lee Marvin? Incluso una mala película puede parecer buena si el malvado es suficientemente carismático. Por ejemplo, *El silencio de los corderos*, considerada una de las mejores obras de suspense —subgénero: películas con asesino en serie— de todos los tiempos. La historia tiene más lagunas e incongruencias que la declaración de renta de Jordi Pujol. A pesar de eso, ha quedado en la memoria de todos. A ver, ¿quién se cree que alguien puede llamar por teléfono desde una celda pulsando el botón de colgar o abrir unas esposas con un bolígrafo? Y ahora viene el despiporre: matar a dos guardas en pocos segundos, quitarle la cara a uno y ponértela encima para hacerte pasar por un herido. Lo ves en una película de karate de esas en las que están media hora volando para pegar una patada y te preguntas qué se ha fumado el guionista. No obstante, el juego de la bella y la bestia entre la joven y aparentemente frágil Clarice Starling (Jodie Foster) y el inconmensurable Hannibal Lecter (Anthony Hopkins) nos atrapa desde la escena del primer encuentro entre los dos protagonistas, en la que vemos a Clarice como Eurídice descendiendo a los infiernos del pasillo de los reclusos más peligrosos para, al final, encontrarse a Hannibal quieto, tranquilo, en medio de su celda y empezar algunos de los diálogos más hipnóticos de la historia del cine con ese «acércate, acércate» para que le enseñe la credencial, adivinar su loción corporal, el juego del *quid pro quo* o frases míticas como: «Uno del censo intentó hacerme una encuesta. Me comí su hígado acompañado de habas y un buen *chianti*». Por cierto, lo de *quid pro quo* es otro error del guion, la locución correcta es *do ut des*. Y lo mismo nos pasa con otros personajes que se mueven entre la ficción y la realidad, como el Conde Drácula o Jack el Destripador. En ocasiones, al malo no hace falta ni enseñarlo, solo esbozarlo, hablar de él, y ya es suficiente para que sintamos sus presencia... ¿o nadie se acuerda de *Sospechosos habituales* y el personaje de Keyser Söze? Un malo sobre el que gira toda la trama pero que no aparece. En otros casos, la ficción nos permite ver cumplido algún deseo oscuro. A ver, ¿qué padre de niña preadolescente no tuvo un estremecimiento de placer viendo el capítulo de *CSI* en el que cosen a tiros a Justin Bieber? Ya sé que nadie lo dice, pero cuando habéis oído en el coche cincuenta veces lo de «*Baby, baby, baby, baby ooooooo, baby, baby, oooooooo*», el episodio 15 de la undécima temporada de *CSI Las Vegas* os arranca una sonrisa de complicidad malévola. Que se lo pregunten a Dani Mateo o a Pablo Motos, quienes lo sufrieron en su visita a España.

La mayoría de los ciudadanos reconducimos esta fascinación por el mal y el crimen con la ficción. El género policíaco es relativamente reciente. Se considera que el primer detective de ficción es Auguste C. Dupin, creado por Edgar Allan Poe y antecesor de las obras del francés Émile Gaboriau, padre de la novela negra francesa (llamada *polar*). Pocos años después irrumpió el mítico Sherlock Holmes de Arthur Conan Doyle. Este género se ha adaptado a todos los ambientes, situaciones y paisajes. En los últimos años los policías más populares parece que ya no hablan inglés sino sueco o noruego, con escritores como Henning Mankell, Jo Nesbø o Stieg Larsson, heredado por David Lagercrantz, entre otros que le han dado un nuevo aliento (muy frío, casi polar, cosas de la geografía) al género. No voy a negar que soy muy fan del género negro, y que posiblemente de aquí nace mi interés por el tema. Si tengo que elegir, de entre lo mucho y bueno que hay, me quedo con tres. En castellano, con un descubrimiento vergonzosamente reciente, de esos que te da rabia no haber leído antes, Francisco García Pavón y su personaje de Plinio, jefe de la GMT (Guardia Municipal de Tomelloso), secundado por su ayudante don Lotario, el veterinario. En catalán, con Ferran Torrent y su Toni Butxana, al que leí por primera vez con catorce años y sigo releyendo de vez en cuando. En inglés, con Chester Himes, que retrata como nadie la violencia descarnada con dos de sus personajes, *Ataúd* Ed Johnson y *Sepulturero* Jones, y además acabó sus días en Moraira, a escasos kilómetros de mi Denia natal.

El género negro en la literatura sigue gozando de buena salud y en cine siempre ha sido uno de los valores seguros para las productoras, pero en los últimos años ambas expresiones artísticas se han visto superadas por el fenómeno de las series. De la misma forma que en la década de 1970 los niños veían *El hombre y la Tierra* o *Mundo submarino* y querían ser biólogos, en los años ochenta *Fama* o *Cosmos* y estudiar arte dramático o astronomía, y en los noventa *Urgencias* o *Periodistas* y ser médicos o trabajar en un diario, en el siglo XXI el auge de las series policíacas está detrás del aumento de las vocaciones a la policía científica o la medicina forense. Es indudable que los guiones e historias de estas series tienen gran calidad, pero muchos de los aspectos científicos que aparecen son muy cuestionables. *CSI* es la serie arquetípica y la más longeva. Tiene de positivo que todo se basa en la recogida de pruebas, en las evidencias objetivas y en los análisis, no en lo que dicen los testigos. No obstante, luego los actores cogen mal las pipetas automáticas en el laboratorio, hacen en varios minutos análisis que en la vida real duran horas y, en lugar de tener cada uno su especialidad, el mismo experto es capaz de analizar muestras biológicas, desmontar un coche, hacer un análisis de suelos, detener e interrogar al sospechoso y liarse a tiros con el malo, todo desde un laboratorio impresionantemente equipado inmune a los recortes presupuestarios.

Sin duda, a pesar de los fallos y de algún que otro deje machista (los chicos siempre visten uniforme y las chicas van escotadas, ¿no te habías dado cuenta?), la serie *CSI* se parece más a la realidad que otras como *El mentalista* o *Castle*, donde la policía científica no es necesaria y nunca busca fibras o huellas dactilares porque Patrick Jane o Richard Castle lo saben todo y siempre pillan al malo.

Te guste o no la ficción policíaca, la historia de cómo la ciencia se aplica a la investigación criminal, la realidad actual de la ciencia forense y cómo consigue descifrar crímenes y dar con los culpables es más apasionante que cualquier capítulo de estas series o cualquier película de tiros. Solo espero que, al leerlo, te lo pases tan bien como mis alumnos en clase o como yo mientras me documentaba y escribía el libro, y que cuando veas el próximo capítulo de *CSI*, *Bones*, *Castle* o cualquier película policíaca, entiendas por qué hacen lo que hacen y, sobre todo, que detectes los fallos.

Venga, ponte los guantes y coge la lámpara forense y el pincel para las huellas dactilares, porque arrancamos.

## Capítulo 1

# DE CÓMO LA CIENCIA HA SERVIDO PARA RESOLVER CRÍMENES, Y LO QUE QUEDA

La ciencia forense es una disciplina relativamente reciente. Por ejemplo, la genética forense tiene poco más de veinte años, el primer laboratorio de balística en España es de 1975 y el estudio de las huellas dactilares comenzó hace unos cien años. Por tanto, la ciencia forense, como tal, y entendida como la aplicación del método científico para resolver delitos o causas legales es muy joven, lo que no quiere decir que desde antiguo no se utilizaran diferentes métodos, más o menos efectivos, para tratar de determinar la culpabilidad o la inocencia de alguien sospechoso de haber cometido un delito.

### Juicios y culpables antes de la ciencia forense

Uno de los primeros antecedentes históricos de la ciencia forense se encuentra en China y en el trabajo de Tie Yen Chen en el siglo VII de nuestra era, durante el reinado de la dinastía Tang. En una aldea sucede un crimen y un hombre aparece degollado. El investigador hizo que se reunieran todos los sospechosos a mediodía en la plaza del pueblo con sus hoces. Las moscas se sintieron atraídas por el olor a sangre y se posaron en el apero que tenía restos, sirviendo esta estrategia para señalar al culpable. Así que, antes de Grissom, en China ya había entomólogos forenses. En el siglo XIII un manuscrito chino explicaba cómo distinguir un ahogamiento de un estrangulamiento. En el código de las *Siete Partidas* de Alfonso X el Sabio (siglo XIII), se impone al juez el deber de reconocer la naturaleza y forma de realización de algunos delitos,[1] y el Reglamento Provisional (siglo XIX), en su artículo 51, ordenaba «asegurar los efectos del delito cuando hubiere huellas del mismo», lo que supone un claro antecedente del procedimiento que se sigue hoy en día en la investigación de un crimen. Y en el siglo XVI en Valencia había una figura llamada el *desospitador* que se encargaba de toda la medicina relacionada con asuntos de justicia.[2] En 1643, en la obra del juez Antonio María Cospi titulada *El juez criminalista*, se señala ya la conveniencia de presentarse el juez en el lugar del suceso, así como de que se le «tomare inmediata declaración a los testigos y sospechosos». No obstante, hablamos de figuras aisladas, salvo excepciones, no de algo que tuviera continuidad. La ciencia forense no llega a las universidades europeas hasta el siglo XVII y siempre como materia subsidiaria de otras. El primer catedrático de Ciencia Forense fue el neoyorquino James S. Stringham, nombrado en 1813.

La realidad es que durante mucho tiempo, cuando la gente iba a juicio, la investigación sobre asesinatos se basaba únicamente en la declaración de testigos o se invocaba a poderes sobrenaturales. En la Edad Media eran frecuentes las ordalías o juicios de Dios, en las que la acusada de brujería o de otros delitos era tirada al río atada. Si flotaba, era bruja y se la quemaba; si se hundía, era inocente. El problema era que muchos inocentes se ahogaban. Esto se «humanizó» en el siglo IX gracias al obispo Hincmaro de Reims, que propuso atar a los reos con una cuerda para poder tirar y sacarlos más rápido cuando el tribunal estimara que eran inocentes. Peculiar siste-

1. Partida 3.ª, Tomo 14, Ley 13.

2. Cavazzini, E., «El rol del "desospitador": una aproximación a la relación entre medicina y justicia en el siglo XVI valenciano». *Fundación*, n.º 9, 2008-2009.

ma. Otras ordalías se hacían con hierros candentes (si la quemadura cicatrizaba inmediatamente, Dios decía así que eras inocente) u otros métodos similares. En muchos puentes de Europa Central todavía hay una especie de garita o capillita en mitad de ellos: era el punto desde donde arrojaban a las brujas. El libro *Malleus maleficarum* o *Martillo de brujas*, escrito por los monjes inquisidores dominicos Heinrich Kramer y Jacob Sprenger en 1486, recoge esta metodología, además de otros métodos de tortura y abusos para descubrir brujas.

## El problema del testigo

Basarse únicamente en testimonios tiene su riesgo. La gente puede mentir, y de hecho lo hace. En la Edad Media, si tenías una vecina molesta o querías quedarte con su casa o con sus tierras a buen precio, siempre podías denunciarla por brujería para con toda probabilidad librarte de ella. Todo sea dicho, a pesar de la fama de la Inquisición española, los procesos por brujería durante el período medieval fueron escasos en España, en comparación con otros países, y en muchos casos se llegó a la absolución, a diferencia de lo que pasaba en el norte y el centro de Europa, donde se ajusticiaba a mujeres con la excusa de la brujería con muchísima alegría hasta el siglo XVII, sobre todo en el ámbito del luteranismo. Recomiendo ver la película *Dies irae* (Carl Th. Dreyer, 1943) para tener una idea de cómo eran los procesos por brujería. La mala fama de la Inquisición española se debe a que fue el último país en abolirla y a que, aun en el siglo XIX, llegó a ajusticiar a un profesor, Cayetano Ripoll, por sus ideas.

El problema de los testigos sigue vigente en la actualidad. Aunque no necesariamente mienten, también se equivocan. A veces no hay que ver maldad detrás de donde solo existe la facilidad para sugestionarnos y reinterpretar la realidad. Cuando la policía pide ayuda ciudadana en un caso que está atascado, todo el mundo piensa que ha visto algo. Por ejemplo, Andrés Mayordomo Bolta, de Pego, Alicante, salió con su bicicleta el día de Año Nuevo de 1993 y desapareció. Durante los meses que estuvo desaparecido, los testigos lo situaban en toda España, aunque finalmente se encontró su cadáver en una sima donde había caído y fallecido de manera accidental.

En otros casos, los testigos se pueden sugestionar o manipular para hacer que se equivoquen. Otro ejemplo reciente: el caso de Rocío Wanninkhof. Tenemos, por una parte, una menor asesinada, algo que siempre llama la atención de los medios de comunicación. La sospechosa es la expareja de la madre y el supuesto móvil del crimen era el despecho y la venganza. Obviamente la cobertura mediática está asegurada. Si a esto se le añade que el abogado de la madre se pasó por todos los platós y medios de comunicación hablando del caso y diciendo lo mala que era Dolores Vázquez, la principal sospechosa, ya tenemos que la opinión pública ha dictado sentencia antes de que tenga lugar el juicio. Si además este se celebra con jurado popular, cuyos miembros, por supuesto, han visto la tele, oído la radio y leído periódicos, está claro cuál será el veredicto. Vázquez fue declarada culpable porque varios testigos alegaban haber visto un coche del mismo color que el suyo en las inmediaciones del lugar del crimen. Con eso fue suficiente. Con eso y con que habían visto por la tele que la acusada era muy mala y odiaba a la madre de Rocío y por eso mató a la joven. En primera instancia fue condenada, pero la acusación se basaba en unas pruebas tan endebles que el juicio se mandó repetir. Mientras se preparaba el segundo juicio, se procesó una colilla encontrada en el lugar del crimen de Rocío y los restos de ADN pudieron relacionarse con el de un criminal convicto, Tony Alexander King. Por suerte esto pasó en los años noventa del siglo pasado, y no en los setenta u ochenta, cuando no existían las pruebas de ADN. Los analizadores de ADN no ven la tele ni son sugestionables. Lo que sale, sale... y punto. Gracias a eso se pudo solucionar la monumental injusticia que hubiera sido condenar a una inocente como Dolores Vázquez.

¿Mintieron los testigos? No. Simplemente ellos vieron algo y lo interpretaron en función de la información que tenían. En ocasiones un testigo está viendo algo, pero le falta el contexto y lo interpreta de forma equivocada. Muchas películas se basan en esta falsa interpretación de un hecho observado: *Doble cuerpo* (Brian de Palma, 1984) y *La ventana indiscreta* (Alfred Hitchcock, 1954), por ejemplo, aunque la que a mi juicio mejor refleja esta circunstancia es *La conversación* (Francis Ford Coppola, 1974). En esta última, Gene Hackman encarna a un detective privado que escucha un fragmento de conversación durante un seguimiento y la trama gira en torno a su interpretación de esas palabras y al contexto real de la conversación.

Una anécdota que ilustra cómo los pequeños detalles pueden alterar la percepción de un hecho es la de *El ángelus*, de Jean F. Millet (1857-1859). Este cuadro, pieza fundamental del realismo francés, fascinó a Dalí, que le dedicó varias pinturas o incluso un ensayo. En el lienzo se dibuja un ambiente rural en el que dos figuras están, en actitud de recogimiento, rezando el ángelus, una oración que se hace a mediodía y que recuerda cómo el ángel le anunció a María que iba a ser la madre de Dios. A los pies de la pareja hay una cesta con verdura, que parece indicar que han dejado sus labores de recolección para rezar. Realmente la historia es algo diferente. El cuadro representaba a un matrimonio de campesinos que estaba enterrando a su hijo, muerto al nacer. Trasmitía tal tristeza que el artista era incapaz de venderlo, de modo que Millet decidió pintar verdura sobre el cuerpo del bebé, con lo cual la escena cambió por completo de significado y la obra pudo venderse.

Hagamos un experimento sencillo para ver qué fácil es sesgar la percepción: ¿qué ves en el logotipo de Mitsubishi? Posiblemente un logotipo comercial. En realidad son tres diamantes, que es lo que significa *Mitsubishi* en japonés. ¿Y en el de BMW? ¿Otro logotipo comercial que parece sacado de una plantilla de dibujo lineal? Pues son las aspas de un helicóptero, ya que la compañía empezó fabricando vehículos militares. Y, por último, ¿qué ves en el logotipo de La Caixa? ¿Una flor? ¿Una estrella? ¿Un cuadro de Miró? Representa a un niño metiendo una moneda en una hucha, que los bancos van a lo suyo y no están para las ciencias naturales. La próxima vez que te fijes en alguno de estos logotipos notarás que ya nos los ves igual que antes, sino como diamantes, helicópteros y niños ahorradores. Por tanto, lo que vemos no es la realidad, sino la interpretación que hacemos de ella. Y esto tiene consecuencias reales. En un libro de ciencia forense leí que uno de los problemas en los casos de catástrofes o de atentados con muchas víctimas es la identificación de los cadáveres por parte de las familias. Aun en el caso de que no estén demasiado desfigurados, el *shock* emocional que supone perder a un ser querido anula la capacidad de pensar correctamente. Explicaba un caso en el que después de un accidente aéreo, al entrar en la sala donde estaban los cuerpos, un matrimonio reconoció a su hijo en el cadáver de una mujer; al señalarles el error, identificaron a otra mujer y, finalmente, a un hombre que tampoco era. Realmente, su hijo había perdido el vuelo y no estaba entre las víctimas. Al consultar esta historia con un forense, me confirmó que los familiares fallan muchísimo en las identificaciones de los cadáveres, debido a los cambios producidos por la muerte (lividez, hinchazón) y a su estado emocional, que no está para análisis profundos.

Otro problema que juega en contra de los testigos es la facilidad que tiene nuestra mente para crear falsos recuerdos. La memoria no es tanto una biblioteca donde archivamos los recuerdos, o las bolas brillantes que salían en *Del revés* (Pete

Docter, 2015), sino algo que construimos nosotros, y como tal, subjetivo y sujeto a cambios y modificaciones basados en nuestra experiencia. Hay un experimento clásico en psicología, hecho por Elizabeth F. Loftus y Jacqueline E. Pickrell,[3] en el cual se demuestra que alguien puede recordar un hecho traumático, como perderse en un centro comercial de pequeño, que no sucedió nunca. Un estudio posterior fue más sorprendente:[4] se pidió a tres grupos de voluntarios que rellenaran una encuesta sobre su visita a Disneylandia. El primero lo hizo en una habitación con una decoración normal; el segundo, en otra decorada con fotos de Disneylandia; y el último, en una estancia con fotos de Disneylandia y una reproducción a tamaño humano de Bugs Bunny. Entre otras muchas cuestiones, a los encuestados se les preguntaba si durante su estancia en el parque se habían hecho una foto con Bugs Bunny, algo que es absolutamente imposible por cuestión de derechos y propiedad intelectual. Un porcentaje significativo de los grupos que contestaron la encuesta en la sala con Bugs Bunny como decoración contestaron afirmativamente. Así de fácil es crear un falso recuerdo. En mis clases trato de hacer una versión de bolsillo del experimento (si lo cuento aquí ya no podré repetirlo, pero ya se me ocurrirá algo para el curso que viene). Proyecto un *collage* de diferentes imágenes de Eurodisney o de películas de Disney. Entre ellas, como quien no quiere la cosa, cuelo una imagen de la película *Quién engañó a Roger Rabbit* (Robert Zemeckis, 1988) en la que comparten pantalla Bugs Bunny y Mickey Mouse. Pido que levanten la mano los que hayan ido a Eurodisney (que son mayoría); luego, que la mantengan levantada los que se hicieron una foto con Mickey Mouse; después, aquellos que se retrataron con

3. Loftus, E. F. y Pickrell J. E., «The Formation of False Memories». *Psychiatric Annals*, XXV, 25 (diciembre), 1995, pp. 720-725.

4. Braun, K. A., Ellis, R. y Loftus, E. F., «Make my memory: How advertising can change our memories of the past». *Psychology and Marketing*, 19, 2002, pp. 1-23.

Winnie the Pooh y, finalmente, los que se fotografiaron con Bugs Bunny. Siempre hay alguno que mantiene el brazo en alto, aunque pocos. No sirvo para fundar una secta o montar un partido político que engañe a las masas. En el cine esto se ha tratado muchas veces, en películas como *Rashomon* (Akira Kurosawa, 1950) o *Wonderland* (James Cox, 2003), en la que Val Kilmer —cuando todavía hacía papeles de guaperas— interpreta al mítico actor John C. Holmes. Se basan en contar una historia no como pasó realmente, sino a partir del testimonio de sus protagonistas. La gracia es que todos cuentan versiones diferentes. Que John C. Holmes muriera sin ganar un Oscar es una de las mayores injusticias que ha cometido la Academia de Cine estadounidense.

Hay muchos casos reales donde la culpabilidad se determina por un falso recuerdo. El que más trascendencia ha tenido es el de Jennifer Thompson-Cannino, que fue violada por alguien que forzó la puerta de su apartamento. Su testimonio fue determinante para que Ronald Cotton fuera condenado a cadena perpetua y cincuenta años adicionales, hasta que una década después fue exonerado por las pruebas de ADN. Jennifer estaba absolutamente segura de que el hombre que la violó fue el que ella señaló en el juicio, pero, como en el caso de Rocío Wanninkhof, las pruebas genéticas determinaron que el autor de los hechos fue otra persona. Hoy, Jennifer y Ronald dan conferencias sobre lo falibles que son los testimonios y han creado The Innocence Project, una fundación para ayudar a personas acusadas injustamente.[5]

Por tanto, queda claro que basar el sistema judicial o el veredicto de los juicios en el testimonio de la gente tiene el altísimo riesgo de poder conducir a sentencias injustas, ya sea por mala fe y mentiras deliberadas de los testigos, por confusión o por mala interpretación o incluso por falsos recuerdos. Necesitamos métodos objetivos, es decir, evidencias,

5. <http://www.innocenceproject.org>.

datos que no se vean afectados por ningún tipo de subjetividad y que no estén sujetos a condicionantes, de forma que nos permitan determinar sin ningún género de dudas quién hizo qué.

## Primer problema: ¿Quién es quién?

Uno de los motivos de este desarrollo tardío de la ciencia forense es que, en muchos aspectos, la ciencia forense no es tal, sino una mera aplicación de diferentes ramas de la ciencia con un objetivo muy concreto: pillar al autor de un crimen o delito. En la lista de capítulos de este libro verás que hablo de diferentes disciplinas —química, medicina, biología...— aparentemente muy distantes entre sí, de las cuales se aprovecha todo lo que pueda servir a un único objetivo: poner las pruebas delante de un juez para que pueda tomar una decisión más justa. Veamos un buen ejemplo de cómo la ciencia forense se nutre de los diferentes avances en las diferentes ramas de la ciencia: en 1655 Zacarías Jansen inventa el microscopio. En 1920 Philippe Gravelle y Calvin Goddard inventan el microscopio de comparación, una versión del invento original aplicada a la ciencia forense ya que permite, entre otras cosas, ver si dos balas diferentes han sido disparadas por la misma arma comparando las marcas que deja el cañón. No obstante, la aplicación de las técnicas científicas se ha implementado a medida que aparecían problemas.

Uno de las primeras dificultades que tuvieron que resolver los departamentos de policía y los juzgados fue el problema de la identidad. Antes era relativamente sencillo que un delincuente escapara, se instalara en otro pueblo, cambiase su aspecto y se hiciera con una nueva identidad o tratase de suplantar la identidad de otra persona. La película francesa *El retorno de Martin Guerre* (Daniel Vigne, 1982) se basa en la historia real de un habitante de un pueblo que huye al ser acusado de un robo. Al cabo de ocho años, regresa —interpretado por Gérard Depardieu— para heredar sus bienes y volver con su esposa, con la que tiene dos hijos más. No obstante, varios años después reaparece el verdadero Martin Guerre. Después de un juicio, se demuestra que el impostor era Arnaude Du Thil, alias Pansette. La película es interesante porque recrea cómo era un juicio en la Francia del siglo XVI, aunque adolece de algún fallo de documentación bestial, como que uno de los personajes diga «este vino mata los microbios» tres siglos antes de que el también francés Charles-Emmanuel Sédillot acuñara el término en 1878. Hay una versión estadounidense, *Sommersby* (Jon Amiel, 1993), con Richard Gere y Jodie Foster.

Una de las ventajas de los sistemas de identificación y de las bases de datos es que ayudan a la captura de los criminales errantes. Algunos de los peores asesinos en serie han sido gente sin domicilio ni trabajo fijo y con gran movilidad geográfica, por lo que no siempre ha sido fácil relacionar crímenes cometidos en lugares muy alejados. En España los criminales errantes recientes más famosos han sido Manuel Delgado Villegas, el Arropiero, y Francisco García Escalero, conocido como el Matamendigos. Aunque para movilidad la de Francisco Javier Arce Montes, un gijonés que cometió violaciones y asesinatos en España, Francia, Alemania y Estados Unidos entre 1974 y 1997. Actualmente, cumple condena por la violación y el asesinato de la joven de trece años Caroline Dickinson, que tuvieron lugar cuando esta dormía en un albergue de juventud en la Bretaña francesa. En su momento, Arce no fue apresado ya que la policía detuvo a un mendigo que, después de un interrogatorio suficientemente intenso, confesó el crimen. No obstante, ocho años después, un agente de aduanas de Estados Unidos detectó muchas similitudes con un asalto producido en un albergue de juventud en Miami y vio la fotografía de Arce en una lista de sospechosos, lo que dio la pista definitiva para su detención y extradición.

Para solucionar el problema de la identidad, nada mejor que la ciencia. Disponemos, por ejemplo, de una tecnología diseñada con otro fin que ha sido aplicada a la ciencia forense: la fotografía. El primer caso documentado de aplicación judicial de la fotografía del que se tiene referencia sucedió en 1854, en Suiza. Gracias a un daguerrotipo, se pudo identificar al autor de numerosos robos en iglesias. Con esta herramienta en la mano, Thomas Byrne publicó en 1886 el *Primer catálogo de fotos de rufianes para reconocer al delincuente en caso de atraco*. En internet es relativamente fácil encontrar imágenes antiguas de detenidos o de ruedas de reconocimiento, denominadas *mugshot* en inglés y, en castellano, «ficha policial», en las que a mano, encima de la imagen, se anotaban diferentes características como peso, altura, edad o alguna marca de nacimiento o tatuaje.

En España se inauguró en 1895 el primer Gabinete Antropométrico y Fotográfico dependiente del Gobierno Civil de Barcelona. Ese fue el germen del posterior Servicio de Identificación Judicial.[6] La primera fotografía de ficha policial se tomó en España el 21 de diciembre de 1912.

Y la fotografía, con infinidad de aplicaciones y utilidades tanto en la ciencia como sociales, ha tenido usos específicos en la investigación criminal, más allá de la identificación y catalogación de sospechosos. Obviamente, una fotografía de alguien mientras comete el delito es una prueba que, descartando retoques y manipulaciones, puede considerarse definitiva. No obstante, el uso de la fotografía puede ser más singular. En 1932 el médico escocés de origen pakistaní Buck Ruxton denunció la desaparición de su mujer y de su doncella, alegando que habían discutido, se habían ido de casa y no habían vuelto. A los pocos días, en una zona distante se encuentran dos cadáveres de mujer descuartizados, de los que se habían eliminado la nariz, los labios, las orejas y las yemas de los dedos,

6. Real Decreto de 10 de septiembre de 1904.

que en aquella época, antes del advenimiento del ADN, eran la única forma de identificar un cadáver. El criminal había planificado la forma de impedir la identificación, pero había caído en el detalle más tonto. Había envuelto los trozos de cuerpo en papel de periódico, pero, en lugar de utilizar el popular *The Times*, había utilizado un diario local de muy escasa distribución, lo que permitió a los investigadores relacionar los dos cuerpos con el pueblo de donde habían desaparecido ambas mujeres. Todas las sospechas recayeron en Buck, pero él, por supuesto, alegaba que aquellos dos cuerpos no tenían por qué ser el de su mujer y el de la doncella. Por tanto, sin una identificación concluyente, era complicado procesar al sospechoso. La policía cogió una fotografía del cráneo y la superpuso a otra de la desaparecida para comprobar que encajaban, lo que fue admitido como prueba de cargo. Con la evidencia delante, Ruxton confesó que había matado a su esposa por un ataque de celos y que la doncella lo pilló en un mal momento, por lo que acabó con ella también para que no le delatara. Viendo las fotos originales, está claro que el canon de belleza ha cambiado. Actualmente la superposición del cráneo con fotografías del desaparecido para ver si encajan es una técnica de identificación de cadáveres, sobre todo cuando no hay disponibles otras técnicas como el ADN. Los británicos, que son muy dados al coleccionismo y a los hechos históricos, guardan en el cuartel de policía de Hutton (Lancashire, Reino Unido) la bañera en que Buck Ruxton descuartizó a las dos mujeres, como recuerda una placa conmemorativa.

Los catálogos de fotografías pueden ser una ayuda, pero el aspecto exterior es fácil de modificar. Uno de los primeros en tratar de abordar esta problemática fue el francés Alphonse Bertillon, quien creó un método propio basado en una serie de medidas antropométricas que se suponía podían identificar a cualquier persona aunque esta cambiase su aspecto con cicatrices, tatuajes, tintes o cortes de pelo. El propio Bertillon calculó que la probabilidad de que dos personas diferentes tuvieran las mismas medidas era de 1 entre 4.194.304. En 1883 se identificó al primer delincuente utilizando este método y, cinco años después, se creó en Francia un Departamento de Identidad Judicial dedicado a hacer fichas de delincuentes mediante el procedimiento de Bertillon. El sistema, denominado *bertillonage*, estuvo en uso durante bastante tiempo y fue implantado en diferentes países. Simplemente consistía en hacer fichas de la persona, detallando una serie de medidas establecidas como el diámetro de la cabeza, la altura o la longitud del antebrazo. El método tenía el inconveniente de que la redacción de la ficha era larga y tediosa por el gran número de medidas necesarias, generalmente trece, pero estas variaban de un país a otro y, sobre todo, no siempre se hacían de la misma manera ni se utilizaban los mismos criterios a la hora de emplear la cinta métrica o el pie de rey, lo que implicaba que existieran numerosos errores y falsos negativos. De hecho, se dieron varios casos de diferentes personas con las mismas medidas, lo que ocasionó el rápido descrédito del método. No obstante, Bertillon dedicó toda su vida al tema de la identidad judicial y fue quien estableció las bases de cómo deben tomarse las fotos para las fichas policiales, basándose en el trabajo anterior del doctor Oidtmann, experto en antropología, que en 1872 propuso tomar las fotografías de frente y de perfil, la imagen arquetípica que tenemos de un detenido. Bertillon propuso un sistema para unificar los criterios a la hora de hacerlas e incluyó el segundo perfil. ¿Habéis visto en *CSI* que, cuando fotografían el lugar del crimen, utilizan una especie de regla? Esto permite tener una referencia del tamaño del objeto y fue un invento de Bertillon, que lo llamó «fotografía métrica».

Pero Bertillon, preocupado toda su vida por el problema de la identificación, no supo ver el potencial de una metodología nueva que venía a resolver el problema. Tuvo la solución en la punta de los dedos y la despreció públicamente, entre otras cosas porque uno de sus creadores había criticado su sistema antropométrico. A Bertillon le pasó como al del chiste, que se encuentra un Rolex de oro y lo deja en el suelo porque había ido a coger setas. El sistema que, literalmente, tuvo en la punta de los dedos eran las huellas dactilares.

## Tú eres tus crestas papilares

Las puntas de los dedos dejan huellas debidas al sudor aceitoso producido por unas minúsculas glándulas y a que no son lisas, sino que tienen un relieve formado por las llamadas crestas papilares. Estas huellas son propias de cada persona, e incluso diferentes entre dos gemelos idénticos. El primero que comprendió la utilidad de las huellas dactilares fue un juez británico que ejercía en la India, William J. Herschel, nieto del famoso astrónomo que descubrió el planeta Urano. Uno de los problemas con que se encontraba en los contratos oficiales era que mucha gente alegaba que la firma no era suya, por lo que Herschel ideó que se utilizara la impresión de los dedos o de la palma de la mano en los documentos para que no pudiera alegarse la falsificación de la firma. En 1858 el contratista de obras Rajyadhar Konai tuvo el honor de ser el primero al que se le solicitó una impresión dactilar para firmar un contrato.

En paralelo a Herschel, y sin tener contacto con él, Henry Faulds, un médico y misionero presbiteriano escocés establecido en el hospital de Tsukiji (Japón), descubrió que en muestras de cerámica antigua quedaban marcadas las señales de las huellas dactilares de los alfareros, por lo que empezó a coleccionar las huellas de los diez dedos de todos los conocidos. Aunque el trabajo de Herschel en la India es cronológicamente anterior, Faulds tiene el mérito de haber sido el primero en darse cuenta de que las huellas dactilares halladas en el lugar donde se ha cometido el delito pueden servir para determinar la culpabilidad o inocencia de un sospechoso. Así fue como, en 1880, Faulds pudo demostrar que un convicto por robo era inocente, ya que las huellas halladas en el lugar no correspondían con las suyas. El trabajo de Faulds y Herschel, publicado en la revista *Nature*, llamó la atención de Francis Galton, primo de Charles Darwin y a su vez eminente científico interesado en diferentes campos de la ciencia.[7] Galton pasó varios años tratando de sistematizar las impresiones de las crestas papilares y, finalmente, en 1892 publicó sus resultados en el libro *Huellas dactilares*. En él establece los tres patrones básicos de los relieves de los dedos: arco (el más infrecuente, solo en el cinco por ciento de la población), espiral o verticilo (en el veinticinco por ciento) y bucle o lazo, presente en el setenta por ciento restante. Describió también las *minutiae*, los pequeños detalles que siguen a las crestas como cruces, núcleos, bifurcaciones, fin de relieve, islas, deltas o poros. Galton sugirió que este sistema sería útil para identificar a criminales y viajeros, en los reclutamientos y en casos de cambio de identidad, pero falló en su propósito principal, que era relacionar las huellas dactilares con las características raciales o con rasgos mentales o físicos.

En el mundo hispano la adopción del sistema de huellas dactilares, llamado dactiloscopia —término introducido a finales del siglo XIX por el militar y científico austroargentino Francisco Latzina— o lofoscopia —denominación acuñada por Florentino Santamaría Beltrán, jefe de Identificación de la Guardia Civil española—, fue muy temprano, siendo pionero el trabajo de Juan Vucetich, argentino de origen croata. A partir del 1 de septiembre de 1891, Vucetich empezó a recoger de forma sistemática las huellas dactilares de todos los detenidos en su comisaría de La Plata, ampliándolo meses después a todos los reclusos, con lo que Argentina se convirtió en el primer país del mundo en establecer el uso policial de las huellas

7. Entre ellos el eugenismo, que implicaba la selección de los individuos más aptos. Hablé de este aspecto en mi anterior libro, *Medicina sin engaños* (Destino, 2015).

dactilares. La prueba de la validez definitiva de este método llegó cuando se identificó a Francisca Rojas como la asesina de sus dos hijos, de cuatro y seis años de edad, gracias a una huella del dedo pulgar. Esto permitió exculpar a su vecino, Pedro Ramón Velázquez, que hasta ese momento era el principal sospechoso debido a las acusaciones de la propia asesina. A Rojas se la considera la primera persona de la historia condenada por homicidio gracias a una huella dactilar. En 1892 también se utilizaron las huellas dactilares para contrastar los expedientes de los aspirantes a un puesto de policía, lo que permitió descubrir que setenta y ocho de ellos tenían antecedentes penales y que uno había falseado su identidad. En 1913 Vucetich fue a París para presentar su método, pero fue despreciado públicamente por Bertillon, conocedor de las críticas que había hecho a su método de medición. La historia ha puesto a cada uno en su lugar.

En España la adopción del sistema también fue temprana y se lo debemos al granadino Federico Olóriz Aguilera, catedrático de Anatomía en la Universidad Central de Madrid y amigo personal de Santiago Ramón y Cajal. Conocedor de los trabajos de Galton y de Vucetich, creó su propio método basándose en ambos. El sistema, con una nomenclatura propia, se adoptó oficialmente en 1911 y fue corregido y mejorado posteriormente por el discípulo de Olóriz, Victoriano Mora Ruiz. Desde el Real Decreto del 27 de diciembre de 1912 la identificación dactiloscópica se impone en España, por lo que a todos los detenidos se les rellenaba una ficha que incluía las huellas dactilares de los diez dedos. El primer caso famoso resuelto en España gracias al estudio de las huellas dactilares y al uso de fotografías fue el robo del Tesoro del Delfín en el Museo del Prado, ocurrido en septiembre de 1918.

En el ámbito angloparlante el sistema se implantó primero en la India gracias al trabajo de Edward Richard Henry, inspector general de policía en Bengala, y a la ayuda de dos colaboradores indios, Azizul Haque y Hemchandra Bose.

El estudio de las huellas dactilares se basa en tres principios: 1) no hay dos dedos iguales con las mismas huellas, incluso en gemelos idénticos; 2) las huellas no cambian durante la vida; 3) existen unos patrones reconocibles que permiten su clasificación. El segundo principio puede ser matizable. Una quemadura profunda o ciertos ácidos como el sulfúrico pueden dañar la piel y borrar las huellas, aunque en lesiones leves estas se regeneran. También pueden desaparecer temporalmente si, por ejemplo, tomas un fármaco anticancerígeno llamado capecitabina que produce una hinchazón de manos y pies que borra las huellas. También hay un proceso quirúrgico para cambiar las huellas que consiste en injertar piel del pie. En 2008 se procesó al doctor mexicano José Covarrubias por practicar este tipo de operaciones, que sirven para que los criminales eviten ser identificados al cruzar la frontera en Estados Unidos.

Las huellas dactilares son un sistema de individualización muy eficaz y las crestas papilares son una de las últimas partes del cuerpo en descomponerse, por lo que pueden servir a la hora de identificar cadáveres en descomposición. Para lograrlo, tienes que retirarlas, rehidratarlas y ponértelas por encima de tu dedo como si fueran un guante, algo que seguramente has visto varias veces en *CSI*.

No obstante, el estudio de las huellas también puede conducir a errores, sobre todo cuando se tienen huellas parciales o incompletas. El caso más sonado es el de Brandon Mayfield, también conocido como «*the Madrid error*». En los atentados del 11-M en Madrid, una de las huellas parciales encontradas en una de las mochilas fue cotejada con las bases de datos americanas y se encontró una correspondencia con Brandon Mayfield, un abogado y padre de familia de Portland (Oregón). El hecho de que se hubiera convertido al islam después de casarse con una mujer egipcia y de haber sido uno de los abogados de los Siete de Portland —un grupo de estadounidenses arrestados por haber manifestado que viajarían a

Afganistán para luchar en favor de los talibanes— hizo recaer todas las sospechas en él. En virtud de la Patriot Act —la ley antiterrorista aprobada tras el 11-S por el Congreso estadounidense—, Mayfield fue arrestado durante dos semanas, aunque luego se demostró que no tenía ninguna relación con los atentados de Madrid. En caso de impresiones parciales, sí existe una probabilidad, bajísima pero no desdeñable, de que dos huellas diferentes coincidan.

## *CSI* nació en Lyon

El estudio de las huellas dactilares, con toda su historia, fue el primer método de identificación, pero si tenemos que buscar el origen de los laboratorios de ciencia forense modernos, llegaremos a Lyon para recuperar el trabajo de Jean-Alexandre-Eugène Lacassagne y de su discípulo Edmond Locard. Lacassagne era profesor de Medicina Legal en la Universidad de Lyon, cargo al que accedió después de escribir varios libros sobre medicina forense que le granjearon una gran reputación en el campo. Una vez allí, comenzó a investigar lo que les sucede a los cadáveres durante las primeras veinticuatro horas, haciendo descripciones detalladas de lo que hoy conocemos como fenómenos cadavéricos tempranos (véase capítulo 3). Pero su interés no se centraba solo en la medicina. En 1889 identificó a un asesino comparando las marcas que el arma había dejado en la bala, siendo el primero en utilizar esta técnica que actualmente sigue en uso. El segundo caso que le dio fama fue el de un cuerpo en descomposición encontrado cerca de Lyon. Lacassagne eliminó toda la carne e hizo un análisis de los huesos, con lo que pudo confirmar que el cuerpo pertenecía al secretario judicial Toussaint-Augssent Gouffé, cuya desaparición había sido denunciada. La investigación que hizo se considera el inicio de la antropología forense, y es muy similar a lo que se ve en un capítulo de la serie *Bones*. También fue el primero en analizar manchas de sangre y en tratar de realizar perfiles psicológicos de asesinos en serie, como en el caso de Joseph Vacher, acusado de la violación y el asesinato de once jóvenes. El estudio de Lacassagne concluyó que el reo trataba de hacerse pasar por enfermo mental y que era responsable de sus actos, por lo que Vacher fue ejecutado.

En paralelo a Lacassagne, el juez austríaco Hans Gross recopiló su experiencia durante treinta años investigando crímenes en el libro *Handbuch für Untersuchungsrichter als System der Kriminalistik* (1893), en el que introduce el término «criminalística» y también describe cómo utilizar el método científico en la investigación criminal. Gross fue profesor en las universidades de Praga y de Graz, donde en 1912 fundó el primer instituto universitario de criminología, que incluía un museo donde se exhibían armas utilizadas en crímenes. Más patriota que científico, a los sesenta y siete años de edad Gross se alistó como voluntario para participar en la primera guerra mundial y, en 1915, falleció en su Graz natal a causa de una infección pulmonar contraída en el frente.

Si el trabajo de Lacassagne fue importante, no lo fue menos el de su alumno y luego asistente Edmond Locard. La biografía de Locard hace cierto aquello de *nihil novis sub sole* (versión fina de «nada nuevo bajo el sol»), puesto que su vocación por estudiar la ciencia forense nació de la lectura de las novelas de Sherlock Holmes, de la misma manera que hoy muchos quieren ser policías científicos por ver *CSI*. En 1910 creó el Laboratoire Interrégional de Police Technique, considerado el primer laboratorio forense de la historia, aunque en realidad tenía más nombre que laboratorio, ya que eran dos habitaciones en los sótanos del tribunal de Lyon con un microscopio y un espectroscopio.

La especialidad de Locard fue identificar los restos de polvo o materiales que encontraba en los lugares del crimen, creando la primera base de datos sobre tipos de materiales y las trazas que dejan. En 1911 pudo desarticular una banda de falsificadores de monedas por los restos de metal encontrados en su ropa. Un año después, resolvió el asesinato de Marie Latelle a manos de su amante al encontrar restos de piel y maquillaje de la víctima debajo de las uñas del sospechoso.

Locard ocupó la cátedra de Lacassagne en 1920 y es el autor del tratado de criminalística, en siete volúmenes, que durante mucho tiempo fue el texto fundamental en la ciencia forense y que sentó la base del método científico aplicado a la investigación criminal. Para entender la visión de la ciencia forense que tenía Locard, nada mejor que sus palabras:

> Cualquier cosa que pise, cualquier cosa que toque, cualquier cosa que deje, aunque sea inconscientemente, servirá como testigo silencioso contra él. No solo las huellas de sus pisadas o sus huellas dactilares. También su pelo, las fibras de sus pantalones, el vidrio que rompe, la huella de la herramienta que utiliza, la pintura que rasca, la sangre o el semen que deposita o que recoge. Todo esto y más son la prueba contra él. Son los testigos que no olvidan, que no se confunden por las emociones del momento y que no pueden ausentarse como la gente hace. Es evidencia factual. Las pruebas físicas no pueden equivocarse, no pueden cometer perjurio y no pueden desaparecer. Solo el error humano en encontrarlas, estudiarlas y entenderlas, puede hacer disminuir su eficacia.

Como vemos, quería quitar el peso del testigo y dárselo a la prueba física en la investigación de un crimen, y proponía que las pruebas son infalibles, pero los que las analizan no. El criminalista francés postuló el llamado «principio de intercambio de Locard», que viene a decir que «cada contacto deja una huella» o, en otras palabras, que el criminal siempre deja algo en el lugar del crimen y siempre se lleva algo de él. También desarrolló una mejora en el estudio de las huellas dactilares, la poroscopia, que basaba la identificación en los poros de las crestas papilares, aunque no acabó de triunfar. Para hacernos una idea de la juventud de la ciencia forense, solo hay que ver un detalle. Locard, creador de las bases de la ciencia forense moderna, falleció en 1966. Anteayer como quien dice. Durante su carrera resolvió cientos de casos, y posiblemente el más curioso fue uno que lo relacionó con uno de los personajes literarios que le sirvieron de inspiración. En Lyon tuvo lugar una serie de extraños robos. Las habitaciones aparecían muy revueltas. El ladrón no dejaba huellas de cómo había entrado o salido y, mientras que en unos casos robaba objetos de valor, en otros se conformaba con baratijas. Locard logró identificar unas huellas dactilares que le parecieron extrañas. Finalmente, el cerebro de la operación resultó ser un organillero y el autor material de los robos era su mono amaestrado, cuyas huellas dactilares sirvieron para inculpar a su amo. ¿Ya habéis pillado la relación?[8]

Cuando en *CSI*, *NCIS* o cualquier otra serie o película vemos a la gente con guantes y pinzas buscando trazas o huellas de pintura y recogiendo muestras, no están haciendo más que seguir el principio de intercambio de Locard y buscar los contactos del criminal en el lugar del crimen que permitan identificarlo.

La ciencia forense empezó antes en la ficción que en la realidad. En sus novelas, Arthur Conan Doyle había descrito a Sherlock Holmes realizando minuciosas inspecciones del lugar del crimen, recogiendo pruebas y haciendo experimentos para confirmar sus hipótesis, como puede verse en *Estudio en escarlata*, por ejemplo, donde el detective examina una habitación con cinta métrica y recoge muestras de polvo. Los padres de la ciencia forense Gross, Lacassagne y Locard eran grandes lectores y admiradores de Holmes y nunca escondieron que fue una fuente de inspiración para su trabajo. La figura de Holmes está

8. Deberíais leer los cuentos de Edgar Allan Poe y, en concreto, *Los crímenes de la calle Morgue*.

inspirada en otro detective de ficción, Auguste Dupin, creado por Edgar Allan Poe, y en Joseph Bell, uno de los profesores de Conan Doyle en la facultad de Medicina de Edimburgo. Bell instruía a los alumnos en la observación y la deducción para identificar las enfermedades y el historial de los pacientes, tanto el que cuentan como el que esconden. Por tanto, involuntariamente, Joseph Bell hizo una aportación a la ciencia y dos a la cultura. A la ciencia, el que su método sirviera de inspiración para la investigación criminal. Y a la cultura, servir de modelo para dos personajes básicos en la ficción: Sherlock Holmes... y el doctor House (¿quién pensabais que inspiró su frase «Los pacientes siempre mienten»?).

Aunque en los próximos capítulos describiré cómo la última tecnología y los avances científicos más recientes ayudan a la resolución de crímenes, no olvidemos que, durante mucho tiempo, la ciencia forense de baja tecnología basada en deducciones e indicios, o en el interrogatorio a los sospechosos, también sirvió para resolver numerosos crímenes. Por ejemplo, en 1923 unos desconocidos asaltaron el tren correo de la Union Pacific Railroad para llevarse las nóminas de los mineros. Pusieron una bomba para hacer descarrilar el tren y asesinaron al personal. Pensando que les habían descubierto, huyeron precipitadamente sin llevarse el botín. Detrás de sí dejaron un mono de trabajo, un revólver, un detonador y fundas de zapato empapadas en creosota (un derivado del alquitrán que se utiliza para impermeabilizar las traviesas de ferrocarril y que los atracadores utilizaron para que los perros no pudieran seguirles el rastro). Con esto, el investigador Eduard Heinrich descubrió la talla de uno de ellos, que utilizaba gomina, que era zurdo (por el desgaste de los botones), que era leñador (por el desgaste del mono), fumador (olor y restos de picadura) y que trabajaba en el noroeste del estado por el tipo de restos de madera hallados en el mono. También se dejó un resguardo de un envío de dinero que se pudo trazar y permitió dar con un nombre. Cuatro años después, los tres hermanos D'Autremont fueron detenidos y condenados por los asesinatos. Dos de ellos trabajaban en una fábrica de Ohio y el tercero estaba con el ejército en Manila. En este caso, la concordancia de Roy d'Autremont con los rasgos predichos y las pruebas físicas fue determinante en la condena. Y esta es otra característica de muchos crímenes. Los criminales son listos a veces, otras comenten errores infantiles, como dejarse resguardos en un bolsillo, o ir a robar y dejarse la dentadura postiza en el lugar del robo. ¿Increíble? No tanto, pues he encontrado tres casos diferentes en los últimos años y todos en Gran Bretaña.[9]

## Caso real: Jack el Destripador

Qué mejor ejemplo para ilustrar la historia de la ciencia forense que un caso histórico como el de Jack el Destripador, el criminal victoriano por excelencia, el que ha inspirado decenas de libros y películas. La primera obra que recogía este crimen fue *The lodger*, de Marie Belloc Lowndes, publicada originalmente en la revista *McClure's Magazine* en una fecha tan temprana como 1911. Mi preferida es la película *Los pasajeros del tiempo* (Nicholas Meyer, 1979), con un delirante guion en el cual Jack el Destripador escapa al año 1979 con la máquina del tiempo de H. G. Wells y el propio escritor, interpretado por Malcolm McDowell, el malísimo Alex de *La naranja mecánica* (Stanley Kubrick, 1971), va al futuro para matarlo. Saliendo de la ficción —o no del todo—, se han publicado miles de explicaciones, hipótesis y supuestos culpables, pero la realidad es que el crimen sigue sin resolverse y lo único cierto

9. <https://www.google.es/#q=burglar+left+false+teeth>.

de toda esta historia es que cinco mujeres, como mínimo, fueron asesinadas de forma brutal sin que a día de hoy tengamos la certeza de quién fue el autor.

Estamos en Londres, en el barrio de Whitechapel, en la tradicionalmente pobre zona este de la ciudad. En los últimos años, este enclave había crecido muy rápido con la llegada de inmigrantes irlandeses, rusos y judíos centroeuropeos. La mayoría de las casas eran infraviviendas compartidas, existiendo incluso locales donde te permitían dormir por la noche sentado en un banco. Las prostitutas, los mendigos y el alcoholismo eran moneda oficial. En 1888 la policía calculaba que en el barrio existían sesenta y seis burdeles y mil doscientas prostitutas. En el período de 1887 a 1891 asesinaron a diez mujeres, todas meretrices, cinco de las cuales son consideradas las víctimas «canónicas» de Jack el Destripador: Mary Ann Nichols, de cuarenta y dos años, el 31 de agosto de 1888; Mary Chapman, el 8 de septiembre, encontrada a las seis de la mañana y cuyo cuerpo todavía estaba caliente; Elizabeth Stride, el 30 de septiembre; Catherine Eddowes, el mismo día, solo una hora después del hallazgo del cadáver de la señora Stride; y Mary Jane Kelly, de veinticinco años, el 8 de noviembre. Las victimas no oficiales serían Emma Elizabeth Smith y Martha Tambram, fallecidas antes de los crímenes, concretamente en abril y el 9 de agosto de ese mismo año. Más tarde, fueron asesinadas Rose Milet, en diciembre de 1888, Alice Mackenzie en 1889 y Frances Coles en 1891. No se las considera víctimas oficiales porque, a pesar de haber coincidencia de fechas y lugares, el patrón no coincide. No olvidemos que estamos hablando de mujeres muy vulnerables en un barrio muy peligroso.

El *modus operandi* en todos los casos era el estrangulamiento, el apuñalamiento y la mutilación de los órganos internos, especialmente de la cavidad abdominal, lo cual es lógico puesto que solo iba armado con un cuchillo de filo, un instrumento poco eficaz para cortar las costillas y acceder al interior del tórax. Siempre actuaba en fin de semana y todas las víctimas estaban en la cuarentena, excepto la última. Hay dos excepciones al patrón general. La noche del 30 de septiembre es conocida como «la del doble incidente». Elizabeth Stride no fue mutilada, puesto que la cercanía de un portero hizo que el asesino huyera, pero un rato después asesinó a la señora Eddowes con la crueldad habitual. Esa misma noche se encontró un mandil manchado de sangre y una pintada que decía «Los judíos son los hombres que nunca serán culpados de nada». El último asesinato difiere bastante del resto, ya que la víctima era mucho más joven que las demás y se cometió en una habitación, no en la calle. Quizá por este motivo la mutilación fue mucho más severa que en los otros casos.

Conviene tener en cuenta que todas las víctimas eran prostitutas y alcohólicas. Verlas en la calle con un hombre desconocido no despertaba ninguna sospecha. George Hutchinson, amigo de la última víctima, aseguró haberla visto esa noche con un hombre de aspecto distinguido y extranjero.

La investigación despertó mucho interés popular. Ya existía la fotografía y la prensa escrita. La cobertura mediática fue similar a lo que en su momento fue el caso Alcácer en España, solo que sin una policía científica. Como suele suceder en estos casos, la policía empezó a recibir cientos de cartas y declaraciones de testigos que habían visto algo, de gente que se autoinculpaba o que acusaba a un vecino. Sin embargo, cuatro de las cartas recibidas sí podrían ser obra del auténtico Jack el Destripador. En una de ellas, fechada el 17 de septiembre de 1888, el asesino da detalles que no eran conocidos. Por ejemplo, hace referencia al bonito collar que le regaló. Se refiere a que el intestino de la víctima apareció enrollado alrededor de su cuello. En esta carta firma como Jack el Destripador. La segunda carta, denominada *Querido jefe* por su encabezamiento, fue enviada el 25 de septiembre. Tiene muchas similitudes con la primera en el estilo y el tono, pero no en la caligrafía, por lo que se supone que fueron escritas por dos personas diferentes que estaban implicadas, o que una la escribió con la mano no dominante. El 1 de octubre, envió la postal *Saucy Jacky* —algo así como «Jacky el descarado»— después de cometidos los crímenes, pero antes de que se hicieran públicos. En ella, habla del doble asesinato y dice que no pudo rematar a Elizabeth Strider porque chilló. La caligrafía coincide con la segunda carta. La última carta, *Desde el infierno*, iba dirigida al jefe del comité de vigilancia de Whitechapel. Contenía un trozo de riñón, supuestamente de la señora Eddowes, y afirmaba que el resto lo había frito y se lo había comido (Hannibal Lecter no inventó nada) y la rúbrica decía «Atrápame si puedes» (Steven Spielberg tampoco). En aquella época era imposible determinar si ese trozo de riñón pertenecía a la víctima, pero se sabe que, como los restos hallados en el cadáver, presentaba síntomas de la enfermedad de Bright, relacionada con el alcoholismo.

El expediente policial se cerró en 1892, lo que no ha impedido que se siguiera especulando y dando vueltas al caso. Han llegado a contabilizarse más de un centenar de sospechosos, pero solo unas teorías han sobrevivido el paso del tiempo con un mínimo de plausibilidad.

La primera sería la teoría masónica, que es la que se recoge en el cómic y posterior película *Desde el infierno* (Alan Moore y Eddie Campbell, 1991-1997, y Albert y Allen Hughes, 2001, respectivamente), basada en los libros *Jack the Ripper, the final solution* (Stephen Knight, 1976) y *Whitechapel, scarlet tracing* (Ian Sinclair, 1987). Según esta hipótesis el príncipe Alberto Víctor de Clarence, nieto de la reina Victoria, se casó clandestinamente con una prostituta a la que dejó embarazada, y esto lo convertía en un posible objetivo de chantajes. Para evitar el escándalo, la monarquía dio la orden de eliminar toda traza del escándalo encargándolo a los altos cargos masones del Gobierno, entre ellos al primer ministro, lord Randolph Churchill. El brazo ejecutor habría sido William Gull, médico imperial, y las víctimas no habrían sido seleccionadas al azar, sino que conocían la historia de la boda. ¿Os suena a conspiración judeomasónica? Pues eso. Queda muy bien para una novela o una película, pero es difícil creer que se necesite una conspiración a tan alto nivel para matar a gente tan vulnerable y, además, hacerlo de forma tan ostentosa. Si la reina Victoria, la persona más poderosa del planeta en ese momento, hubiera querido que desaparecieran cinco prostitutas alcohólicas, al día siguiente aparecen flotando en el río Támesis y, una semana después, nadie lo recordaría. Que un miembro de la realeza deje embarazada a una prostituta puede ser creíble, pero casarse con ella no lo haría ni siquiera... (será mejor que no haga ninguna comparación). Solo diré que, para las realezas europeas, los hijos ilegítimos nunca han sido un problema y la solución no ha sido precisamente hacerse cargo de las consecuencias o preocuparse por la madre del niño.

No hay ni una sola prueba de la implicación de todos estos personajes históricos y con biografías conocidas en los crímenes. De hecho, lo que sustenta esta prueba son datos tan etéreos como que el lugar donde se encontraron los cadáveres forma una estrella de cinco puntas (muy irregular, por cierto), el símbolo mágico del demonio llamado Astaroth, y que las gargantas eran cortadas *post mortem* (no para matarlas) de izquierda a derecha, lo cual recuerda a un ritual masónico de entrada del aprendiz... ¿Os suena a *El código Da Vinci*? A mí también, con el contrasentido de que si la motivación era tapar un escándalo, para qué se entretuvieron en liturgias.

Una derivación de esta teoría es que el asesino fue el pintor Walter Richard Sickert, quien, en la teoría que culpabiliza a Gull, tiene el papel secundario de amigo del príncipe Alberto y conocedor de la trama. Sickert tenía veintiocho años de edad cuando ocurrieron los hechos. Nacido en Múnich y criado en Inglaterra, intentó sin éxito ser actor, pero luego decidió dedicarse a la pintura. En su época, sus obras se consideraban vulgares porque recurría a temas provocativos; hoy en día, no obstante, es uno de los artistas más representativos del impresionismo inglés. Con gusto por lo macabro, se interesó mucho por los crímenes de Whitechapel y realizó una serie de cuadros con la imagen de un hombre vestido junto a una mujer desnuda, unas veces viva, otras muerta, que evocaba el crimen de Mary Kelly. La escritora Patricia Cornwell, en su libro *Retrato de un asesino: Jack el Destripador, caso cerrado* (2002), describe la investigación que llevó a cabo personalmente para averiguar quién era el asesino. Cornwell compró treinta pinturas y una mesa del artista, para desmenuzarlas en busca de pruebas. También rastreó las cartas atribuidas al Destripador (unas seiscientas aproximadamente) en busca de restos de ADN y analizó las misivas de una de las tres esposas de Sickert. Llegó a asociar el ADN mitocondrial contenido en el adhesivo de uno de los sobres de la esposa de Sickert con el encontrado en una de las cartas de Jack el Destripador. Otras pruebas son que vivía en Londres, la imposibilidad para mantener relaciones sexuales por deformidad de nacimiento, que se interesó por los crímenes y que en sus cuadros refleja detalles que solo el asesino sabría. Todo parece cuadrar, pero no es así.

Las pruebas de ADN presentadas en el libro suscitan muchas dudas. No existe ninguna muestra de ADN de Sickert, ya que fue incinerado, y la mayoría de las cartas de Jack el Destripador son falsas. Ni siquiera se dan por seguras las que he mencionado anteriormente. Por tanto, tenemos un ADN del que no estamos seguros que sea de Sickert (no todo el mundo lame las cartas de su esposa) que coincide con otro del que no estamos seguros que sea el de Jack el Destripador, sin olvidar que, en las condiciones presentadas, hay entre un uno y un diez por ciento de posibilidades de que coincida por azar. Al margen de que no hay ninguna garantía de la cadena de custodia o de la contaminación. Esto no se sostendría ante ningún juez. El resto de los aspectos son más circunstanciales todavía. Incluidos sus supuestos problemas sexuales, puesto que tuvo tres esposas, pero se le conocen infinidad de amantes y algún que otro hijo ilegítimo, y las interpretaciones que hace de sus obras de arte son muy subjetivas. Y luego está el hecho de que la mayoría de los historiadores indican que, cuando se produjeron los crímenes, Sickert estaba en Francia, por lo que hasta tendría coartada. La investigación es bastante censurable, por la salvajada que supone destrozar obras de arte de uno de los autores británicos más importantes del cambio del siglo XIX al XX. ¿Imagináis que alguien destrozara treinta obras de Joaquín Sorolla? Pues eso.

También se ha hablado de Jill la Destripadora, es decir, de que hubiera sido una mujer. La hipótesis es que se trataría de una comadrona especializada en abortos que expresaba de esta manera su odio hacia las prostitutas, posiblemente porque alguna la había denunciado. Las pruebas serían que la última víctima estaba embarazada y las circunstancias en que fue encontrada sugieren que quizá no tendría una cita con un cliente, sino para someterse a un aborto. Como sospechosas estaban Mary Pearcey y Lizzie Williams. Muy imaginativa, pero poco factible.

Pero quizá sea un caso cerrado. Veamos a otro de los sospechosos. Aaron Kosminski, un zapatero judío de veintitrés años, residente en Whitechapel. Fue diagnosticado con sífilis en 1888, tratado en marzo y declarado como «curado» seis semanas después. La sífilis ataca al sistema nervioso y produce cambios en el carácter. El 7 de diciembre de 1888, Kosminski fue detenido por presentar signos de locura y admitido en un asilo, donde demostró ser terriblemente violento y murió en octubre de 1889, aunque otras fuentes afirman que falleció en 1919. Lo que se sabe con seguridad es que no salió del asilo. Las fechas de los asesinatos coinciden en fecha y en lugar con su época de libertad en la que presuntamente sufrió los ataques de locura, mientras que el final de los asesinatos coincide con su entrada en el asilo, pero eso, obviamente, no quiere decir nada. También fue detenido en el entorno de uno de los crímenes e identificado por un testigo, que después se desdijo, y fue puesto en libertad por falta de pruebas. No obstante, hay que tener en cuenta que el caso de Jack el Destripador fue un caso seguido mediáticamente en su época. Esto tiene cosas buenas y malas. Entre las primeras está que fomenta el coleccionismo. El ADN que podría incriminar a Kosminski se consiguió a partir del chal de Catherine Eddowes, que el policía que descubrió el cadáver se había quedado como recuerdo y que salió a subasta en 2007. A partir de ahí, el escritor Russell Edwards, con la ayuda del experto en ADN antiguo Jari Louhelainen, compararon las muestras con las de un descendiente de la hermana de Kosminski y hallaron concordancia. Me parece la hipótesis más plausible, aunque, por supuesto, seguimos teniendo el problema de la cadena de custodia, de la contaminación de la prueba de ADN y de que Edwards ha publicado sus resultados en un *best-seller*, no en un artículo científico, lo que levanta dudas sobre su veracidad. Sin embargo, en mi humilde juicio, esta hipótesis supera a las anteriores porque Kosminski ya era uno de los sospechosos principales y fue detenido, aunque liberado por falta de pruebas, mientras que en las otras versiones es criticable hasta que los presuntos asesinos se encontraran en el lugar del crimen en las fechas indicadas.

Otras teorías todavía son más aventuradas, como la que Discovery Channel propuso en un documental, en el que se decía que el verdadero asesino era James Kelly, quien huyó a Estados Unidos y continuó asesinando allí, o la del español Eduardo Coutiño, que habla de tres asesinos en colaboración. El problema es que las pruebas son tan laxas que es muy fácil construir una historia y amoldar las pruebas *a posteriori*. El misterio seguirá y dudo que se solucione de forma tajante nunca.

## Capítulo 2

# EL ESTUDIO DE LA ESCENA DEL CRIMEN. ¿QUIÉN MANDA AQUÍ?

En la introducción he mencionado que la fascinación que sentimos por el crimen se debe en gran medida a las series y películas del género. En todas ellas existe un momento en el que alguien descubre un hecho delictivo, ya sea un cuerpo en el bosque, en el maletero de un coche o una casa que han asaltado y desvalijado. En otros casos, la trama empieza con una llamada al servicio de emergencias, o con un personaje que avisa a los demás de que se ha cometido un crimen en alguna parte de la ciudad. Cambio de plano e instantáneamente ya tenemos la escena del crimen acordonada y a todo el personal alrededor del cadáver recogiendo muestras. En este momento suele ser cuando más se mete la pata en los guiones y en el que la ficción más se aleja de la realidad.

Todos conocemos la escena típica de *CSI* en la que Grissom u Horatio Caine llegan, miran el cadáver, lo toquetean y se ponen a dar órdenes... Luego, se quitan las gafas, descubren el indicio que nadie había visto y, treinta minutos después, saben quién es el malo. Grissom quitándose las gafas es el equivalente al primer plano del doctor House frunciendo el ceño. Otras versiones son Patrick Jane en *El mentalista*, Richard Castle en la serie que lleva su apellido —en la que el protagonista hace dos chistecillos mientras saca o mete algo en el bolsillo del cadáver o se pone a comer magdalenas del escenario del crimen— y Don Eppes en *Numb3rs*, quien pone en antecedentes a su hermano Charlie y este hace un modelo matemático. La realidad no se parece en nada a esto y las películas no son un buen referente ya que la legislación cambia mucho de un país a otro.

## Investigación de la escena

En España la investigación puede llevarla a cabo, según los casos, la Policía, la Guardia Civil o algún cuerpo autonómico. La primera obligación de los responsables de la escena del crimen es apartar a los curiosos. Para una investigación, lo mejor es que la gente simplemente avise a la policía y se vaya, pero esto no siempre pasa. Siempre hay quien toquetea el cadáver para ver si está vivo o trata de reanimarlo aunque esté frío como un témpano, o quien le roba la cartera y los objetos de valor y sale corriendo, e incluso suceden hechos más estrambóticos. En el caso del crimen del cortijo de Los Galindos, en agosto del año 1975, todo el pueblo pasó por allí mientras buscaban al juez, que estaba de vacaciones, lo que influyó en que el caso siga sin resolver. Cuando llegaron los primeros investigadores, la escena del crimen estaba absolutamente contaminada. En el de los marqueses de Urquijo, asesinados a sangre fría en 1980 mientras dormían, el mayordomo limpió y adecentó los cadáveres antes de que apareciera la policía, para, según él, que no vieran a los señores en pijama y camisón.

El primero que debe tener claro lo de no contaminar es el propio policía científico. Normalmente cuando se investiga la escena del crimen es muy importante que los propios policías no dejen huellas ni señales que puedan confundir la investigación, y para eso se utilizan guantes, patucos o lo que haga falta. Aunque esto no siempre lo vemos en las películas. En las seis primeras temporadas de *CSI Miami*, el papel de forense (Alexx Woods) es interpretado por Khandi Alexander y su larga melena negra, melena que hemos visto pasearse por todas las escenas del crimen que investiga, en algunos casos incluso encima del cadáver al que le está haciendo la autopsia. Lo normal en estos casos es ponerse una redecilla desechable para recogerse el cabello. También es importante tener claro el orden en el que se procesa todo lo que se va encontrando, para que el trabajo de uno no interfiera en el de otro. Normalmente van primero los fluidos biológicos; luego, las huellas dactilares y, finalmente, las pruebas relacionadas con armas de fuego. Esto se basa en la facilidad para degradarse de cada una de las muestras y en el hecho de que unos análisis pueden interferir en otros.

Otra cosa que hemos visto en las series es el maletín de inspección ocular, negro y grande. Una imagen icónica de *CSI* es esa en la que Nick Stokes o Catherine Willows llegan a la escena del crimen y, rodilla en el suelo, abren el maletín para sacar la linterna, el pincel de huellas dactilares o las pinzas. En España los primeros maletines oficiales para la inspección ocular datan de la década de 1930 y estuvieron vigentes hasta los años sesenta. Más que maletines eran maletones por su voluminoso tamaño. Esta maleta incorporaba reactivos como sangre de drago, carbonato de plomo y negro de humo, que se utilizan para ver las huellas dactilares en función de que estén en fondos claros u oscuros, y productos químicos como el yodo metaloideo, material para hacer moldes de huellas e instrumental para trazar planos y hacer reconstrucciones. Este maletín se ha renovado y simplificado a medida que han aparecido nuevos reactivos, como la ninhidrina para las huellas dactilares y actualmente el 5MTN o el DFO. Hoy en día no existe un maletín oficial, sino varios, en función del tipo de delito investigado, ya sean homicidios, incendios o atentados con bomba. Incluso cuenta con equipamiento para la obtención de huellas dactilares latentes que deben fijarse con vapores de cianocrilato y luego revelarse con un láser de arco de xenón. Pero además del equipo para la obtención de huellas dactilares, presente ya en los años treinta, se ha incorporado material para la obtención de muestras de ADN y reactivos para ver muestras de sangre o de otros fluidos biológicos por quimioluminiscencia. Además del maletín, es necesario un equipo fotográfico completo para documentarlo todo y un vehículo policial que, en ocasiones, se destina especialmente a tal efecto.

Otra de las cosas que se buscan son las huellas. Las huellas de pisadas correctamente analizadas también sirven para identificar a los autores o a la gente presente en el lugar del crimen. El dibujo de la suela puede servir para analizar el tipo de calzado utilizado y el desgaste de un zapato en concreto. Una observación minuciosa puede dar indicaciones del tamaño, peso o de alguna particularidad física (cojera, diestro o zurdo, etcétera). Existen bases de datos de huellas de neumáticos, de calzado, de pinturas y de todo aquello susceptible de encontrarse en la escena de un crimen. En la película *Corazón trueno* (Michael Apted, 1992) el policía de la reserva interpretado por Graham Greene —el que hacía de indio en *Bailando con lobos* (Kevin Costner, 1990)— es capaz de decir el tipo de arma que Val Kilmer lleva en el tobillo solo por las huellas. Puede parecer exagerado, pero un estudio detallado de las huellas puede hacer eso. En 1959 el patólogo forense sir Sidney Smith detalló un caso en Falkirk, Reino Unido, en el cual a partir de las huellas pudo predecir que el autor sería bajito, con la pierna izquierda más corta, la pelvis desequilibrada hacia la izquierda, escoliosis, arrastraba el pie izquierdo y tendría el dedo del pie izquierdo deformado o amputado, posiblemente debido a una poliomelitis. Y acertó.[1]

Hay casos en los que la inspección ocular ya resuelve el crimen, porque hay criminales que no son nada cuidadosos y dejan desde colillas a resguardos con su nombre o dentaduras postizas. En el crimen de Alcácer, en la fosa de La Romana donde estaban enterrados los cadáveres de las tres niñas se

1. Smith, S., *Mostly Murder*, Companion Book Club, Londres, 1959.

encontró una receta médica a nombre de un miembro de la familia Anglés. En casos de asaltos a domicilios o allanamiento de morada es frecuente que los delincuentes utilicen guantes para no dejar huellas dactilares, pero antes de entrar en casa ajena comprueban que no hay nadie acercando el oído a la pared o a la ventana, dejando huellas de la oreja o cabellos que pueden servir para inculparles. Las huellas de la oreja se considera que tienen valor para individualizar a una persona y pueden ser utilizadas en un juicio. Algunos incluso se sienten tan impunes robando que, además de buscar objetos de valor, abren la nevera y se toman un tentempié, dejando alimentos con marcas de mordeduras o incluso restos de ADN que también pueden tener valor probatorio. En los crímenes sexuales a veces es frecuente encontrar marcas de mordisco en el cuerpo de la víctima que, en algunos casos, han servido para identificar al culpable. El primer caso resuelto de esta manera fue el de Linda Peacock, una joven de quince años cuyo cuerpo fue hallado estrangulado y con signos de violencia el 6 de agosto de 1967. Una mordedura en el pecho derecho permitió identificar al culpable, que resultó ser Gordon Hay, un vecino de diecisiete años con antecedentes por delincuencia juvenil. Como decía Hannibal Lecter, «deseamos lo que vemos». En muchos delitos sexuales hay que buscar en el entorno más cercano de la víctima.

Otro punto importante en la primera inspección en casos de asesinatos u homicidios es tratar de buscar el arma del delito. Muchas veces, esta aparece en el mismo lugar o el asesino se deshace de ella en las cercanías, por lo que hay que buscar en contenedores, alcantarillas o en charcas o ríos cercanos. La misma arma y la forma en la que se producen las heridas puede dar una idea bastante acertada de las circunstancias del crimen. Si el delito se ha planificado, el asesino utilizará un arma de fuego o un arma blanca. En general, algo preparado a tal efecto. Si el crimen es resultado de una discusión o un calentón, lo más normal es utilizar un arma de oportunidad, es decir, cualquier objeto que el criminal encuentra en el escenario, como un palo, una herramienta, una botella o algo más exótico todavía. Las señales en el cuerpo de la víctima también son bastante indicativas de lo sucedido en el momento del crimen. ¿Hubo lucha o fue asesinado a sangre fría? ¿Fue atado? ¿El cadáver ha sido movido? Pongamos un ejemplo. En la localidad murciana de Santomera, en el año 2002, aparecen asesinados en sus camas Francisco Miguel y Adrián Leroy, de cuatro y seis años de edad respectivamente, hijos de Paquita González. La madre alega que entraron dos inmi-

Acordonar la escena del crimen no siempre es fácil. En una casa o un alojamiento cerrado no hay problema. La cosa empieza a complicarse en accidentes de tráfico donde el área es mucho mayor, a veces incluso complicada de calibrar. En 2012, se encontró en Valencia una motocicleta de gran cilindrada, que aparentemente había sufrido un accidente, en medio de la calle, sin denuncia, heridos ni nada. La policía local realizó la inspección ocular de la zona sin encontrar nada destacable, lo que hacía la historia un poco rara. ¿Quién abandona una moto en medio de la calle? Si es un accidente, ¿por qué no hay heridos? La realidad era que el conductor de la motocicleta, conduciendo de madrugada a gran velocidad, había chocado con el bordillo de la acera y había caído en una zona de difícil acceso en la mediana de un viaducto. La motocicleta había seguido, impulsada por la inercia, y se había detenido quinientos metros más adelante. Obviamente no era fácil pensar que había un cadáver a medio kilómetro de allí. Las escenas de un crimen que más superficie abarcan son los resultados de accidentes o atentados en aviones. Los restos pueden acabar esparcidos en centenares de kilómetros cuadrados o no aparecer nunca, como el famoso vuelo 370 de Malaysia Airlines desaparecido en 2014.

grantes a robar, la atacaron y ella perdió el conocimiento, pero debajo de las uñas de los niños se encontraron restos de piel de la madre, que presentaba unas señales de arañazos en las muñecas, arañazos dados por las víctimas en un intento de evitar su estrangulamiento. ¿Cómo puede una madre asesinar a sus dos hijos pequeños? Este trastorno es conocido como el síndrome de Medea, por el personaje mitológico que mató a sus hijos por vengarse de su marido, Jasón, que la había abandonado. Que el síndrome de matar a los hijos para dañar al cónyuge lleve nombre de mujer es algo machista, porque, si miramos los casos más recientes sucedidos en España, en la mayoría de ellos es el hombre quien mata a los hijos, como en el de José Bretón, que asesinó y quemó a sus dos hijos en Las Quemadillas (Córdoba), o el más reciente, de julio de 2015, en Moraña (Pontevedra), donde David Oubel presuntamente asesinó a sus dos hijas, de cuatro y nueve años de edad.[2]

## El papel y las limitaciones de la ciencia forense

Ya hemos hecho la instrucción, es decir, toda la investigación y recopilación de pruebas que se presentarán ante el tribunal, y llegamos al juicio. El proceso de instrucción y juicio también es absolutamente diferente, partiendo de que en Estados Unidos jueces y fiscales se eligen por votación y todos los juicios se hacen con jurado. En España, por la ley aquella del ministro Juan Alberto Belloch, hay algunos delitos que se juzgan con jurado popular, como la causa a Francisco Camps por lo de los trajes o el asesinato de Asunta Basterra, pero la mayoría de los juicios sigue haciéndose por el sistema clásico en el cual el juez dicta sentencia. En Estados Unidos el desarrollo de un juicio está muy basado en la jurisprudencia, en sentencias pre-

2. <http://www.elmundo.es/espana/2015/07/31/55bbba5f46163fea658b45a2.html>.

vias. Por esa razón, en todas las películas de juicios es muy frecuente que siempre hagan citas del tipo «según X contra Y» o «en el caso tal». Lo que están haciendo es aludir a un caso anterior similar y utilizar lo que dictaminó el juez en esa ocasión como argumento para defender su posición. En España la jurisprudencia es una de las fuentes utilizadas en el juicio, pero no tiene tanto peso como en el sistema anglosajón. Un ejemplo de cómo lo que vemos en las películas nos influye en la vida real es el juicio por asesinato de Ricardo S. A., quien, ante las preguntas de la acusación particular y las numerosas contradicciones en las que estaba incurriendo, pidió acogerse a la Quinta Enmienda para no tener que declarar en contra de sí mismo.[3] Posiblemente recordaría alguna de las muchas escenas en las que hemos visto a un malo malote gritando eso mismo desde el estrado, como en *La noche cae sobre Manhattan* (Sydney Lumet, 1996). A Ricardo el juez tuvo que indicarle que eso pasa en Estados Unidos, que aquí, en todo caso, puede acogerse al artículo 24 de la Constitución. Gritar «Me acojo al artículo 24» no queda tan peliculero, pero habrá que acostumbrarse.

Debemos tener muy claro que la última palabra siempre la va a tener el juez, y que todo el trabajo de la policía científica o del laboratorio forense está encaminado a aportar las pruebas en un juicio, en el cual el encargado de la investigación solo declarará en calidad de perito forense. Luego, deberá someterse a las preguntas de la acusación y de la defensa. Y según presente las pruebas y conteste a las preguntas, el juez (en España) o el jurado (en algunos delitos en España y en todos en Estados Unidos) decidirá sobre la culpabilidad o la inocencia del acusado. El científico forense no puede ir y decir «esta persona lo hizo» o «esta persona es culpable o inocen-

3. <http://www.elcorreogallego.es/inicio/ultima-hora/galicia/ecg/un-acusado-acoge-quinta-enmienda-legislacion-estadounidense-un-juicio/idEdicion-2007-06-11/idNoticia-176292>.

te», porque eso no depende de él. Solo tiene que presentar las pruebas de forma que el encargado de juzgar las entienda y tenga más elementos de juicio. ¿Podría darse el caso de que pruebas sólidas fueran desmontadas por un abogado hábil, o porque el juez o el jurado no entienden lo que quiere decir el experto? Sí. Sucede muchas veces. De hecho, cuando las pruebas son sólidas, la estrategia de la defensa suele ser tratar de anular el procedimiento tratando de encontrar errores en la cadena de custodia, en el procesado de las muestras o en cualquier otra fase. Así ocurrió en el juicio contra O. J. Simpson, en el que unas pruebas de ADN lo señalaban como el culpable por el asesinato de su esposa y el amante de esta, pero fue declarado no culpable porque la defensa consiguió encontrar irregularidades en el procesamiento. Lo más curioso es que sí que fue declarado culpable en el juicio civil y condenado a pagar más de treinta y tres millones de dólares en indemnizaciones. Desde 2008 cumple una condena de treinta y tres años por delitos cometidos posteriormente, como robo y secuestro. Una joya, el famoso exdeportista y actor. ¿O es que no os acordáis de *Agárralo como puedas* (David Zucker, 1988) donde O. J. Simpson hacía de ayudante de Leslie Nielsen? ¿O de aquella de ciencia ficción, *Capricornio Uno* (Peter Hyams, 1978), donde falseaban una misión a Marte?

También puede pasar que en el laboratorio se utilice una técnica muy novedosa, y al ir al juicio la prueba no sea aceptada porque el juez o el jurado son incapaces de entenderla o no tienen la perspectiva para reconocer la verdadera importancia. Veamos un caso práctico. En 1939 Walter Dinivan es asesinado en Bournemouth, Inglaterra. El móvil del crimen fue el robo. En el lugar del crimen se encontraron colillas fumadas por Walter y por otra persona, lo que indicaba que el autor fue alguien de su entorno cercano con el que había estado antes de morir. El principal sospechoso era Joseph Williams, que tenía el grupo sanguíneo AB, muy extraño en la zona, y al que varios testigos situaban con el asesinado en la noche de autos. La determinación del grupo sanguíneo en la saliva era algo que había descubierto en 1925 el japonés Saburo Sitai. La defensa consiguió que el jurado simplemente no creyera que el grupo sanguíneo se puede determinar por la saliva. El sospechoso confesó después a un periodista que sí que lo había matado. En Estados Unidos se emplea el estándar de Frye, basado en la aceptación por la comunidad científica del método utilizado y en su correcta aplicación, para determinar si una prueba científica puede tener validez en un juicio. En 1994 este criterio fue sustituido por el estándar de Daubert a raíz del pleito Daubert *versus* Merrell Dow Pharmaceuticals (509 U.S. 579). Este criterio es mucho más complejo que el anterior, pero se puede resumir en que el juez es, en última instancia, quien decide la validez de una prueba, y que esta validez debe basarse en el uso del método científico. En la actualidad, algunos estados se rigen por el criterio de Frye y otros por el de Daubert.

También hay que tener en cuenta un aspecto de la filosofía del derecho. La ciencia forense solo puede determinar los actos, pero no juzgar las intenciones. Hay un principio que establece que «el acto no hace a una persona culpable a menos que la mente también sea culpable». Por ejemplo, dos personas van de caza, a una se le dispara la escopeta y el compañero muere. Ahora imaginemos otra situación: dos personas van de caza, uno dispara la escopeta y el compañero muere. En el primer caso, se trata de un accidente; en el segundo, se ha cometido un homicidio o un asesinato porque el disparo ha sido intencionado. Un perito forense puede determinar en ambos casos el modelo de escopeta, la distancia del disparo y el tipo de cartucho, y un médico forense estudiará las heridas que produjeron los perdigones. Difícilmente ninguno de los dos puede valorar la intencionalidad del disparo, ya que eso debe determinarse en el juicio y, según la conclusión del juez, la condena al tirador será muy diferente.

## Caso real: El secuestro del bebé Lindbergh

Para ilustrar el asunto del conflicto de jurisdicción y la investigación de la escena del crimen, qué mejor que analizar un caso que fue un desastre, por cómo fue llevado en todos los aspectos, pero sirvió de excusa para que Edgar J. Hoover impulsara el FBI y que se ampliasen sus competencias, como declarar delito federal los secuestros.

Charles Lindbergh era el prototipo del héroe americano. Hijo de padres suecos emigrados a Estados Unidos y aviador, con veinticinco años hizo el primer vuelo transatlántico en solitario desde Nueva York a París. Casado con Anne Morrow, en 1930 nació su hijo Charles Lindbergh Jr. El 1 de marzo de 1932 el niño es secuestrado por alguien que irrumpe en su habitación utilizando una escalera de madera y se lo lleva de la cuna. En la habitación dejan una nota pidiendo un rescate de cincuenta mil dólares. Alrededor de la casa había muchas huellas, que no se procesaron, y tres peldaños rotos de una escalera. El padre se mostró dispuesto a negociar el rescate, lo que aprovecharon los secuestradores para aumentar la cantidad solicitada en las subsiguientes comunicaciones.

La investigación fue llevada a cabo por la recién creada policía del estado de Nueva Jersey, al mando de la cual estaba Norman Schwarzkopf. ¿Te suena el nombre de algo? Es el padre del general homónimo que comandó las fuerzas aliadas en la operación Tormenta del Desierto en la década de 1990. En todo momento Schwarzkopf vio una oportunidad de lucimiento propio y para el cuerpo que le acababan de asignar, aunque tuvo un agrio enfrentamiento con Hoover y el FBI, que acabó llevando el caso.

Para liar más la cosa, un profesor de escuela jubilado de setenta y dos años, John F. Condon, se ofrece y es aceptado como intermediario. Los secuestradores siguen mandando notas al negociador detallando las instrucciones y subiendo la cantidad, que llega a ser de cien mil dólares. En un primer encuentro con los secuestradores, dicen que el niño goza de buena salud; en el segundo se pagan cincuenta mil dólares y se entregan las instrucciones para encontrar al bebé, que supuestamente estaba en un barco cerca de las islas Elizabeth, algo que era falso. El rescate se pagó en billetes del patrón oro (un sistema que representa que el billete es cambiable por el mismo valor en la reserva de oro del Estado), que se habían retirado de la circulación recientemente.

El 12 de mayo de 1932 el cuerpo del niño fue encontrado, a siete kilómetros de la casa, parcialmente enterrado y en avanzado estado de descomposición. Se le identificó gracias a la camiseta, los dedos del pie superpuestos y el hoyuelo en la barbilla. La autopsia determinó que falleció a causa de un fuerte golpe en la cabeza (se especuló que se cayó al bajarle por la escalera), de modo que lo más probable es que estuviera muerto desde el primer día.

La investigación no llegó a ningún sitio, hasta el 16 de septiembre de 1934. Ese día, un cliente pagó al dueño de la estación de servicio Warner Quintan, en la zona este de Nueva York, con un billete de patrón oro. El dueño, Walter Lyle, apuntó la matrícula del coche por miedo a que en el banco no aceptaran el billete. La investigación llevó hasta el carpintero alemán Bruno Richard Hauptmann, en cuya casa se encontraron catorce mil dólares del rescate escondidos en diferentes partes. Además, se realizó uno de los primeros estudios de biología forense analizando la madera, lo que permitió descubrir que la escalera encontrada cerca de la casa de Lindbergh estaba hecha con el mismo material que el ático de la casa de Hauptmann, gracias a las marcas de la sierra y a los anillos de la madera.

Hauptmann se convirtió en el hombre más odiado de América. El juicio fue una pantomima puesto que la opinión pública, incluidos los miembros del jurado, ya le habían declarado culpable. El veredicto fue condena a muerte. Hauptmann fue ejecutado el 3 de abril de 1936, después de que las apelaciones fueran desestimadas. En el último momento rechazó declararse culpable y confesar a cambio de cadena perpetua. Su esposa, Anna Hauptmann, luchó durante toda su vida por demostrar que su marido era inocente, y fue larga. Falleció en 1994 a los noventa y cinco años de edad. La película *El crimen del siglo* (Mark Rydell, 1996) recoge la historia del secuestro contada desde su punto de vista y sostiene que Bruno solo guardó el dinero y fue una víctima en este caso. Diferentes publicaciones han querido ver que todo fue un montaje para dar carpetazo al asunto y se eligió a un chivo expiatorio. En los años ochenta, Anna Hauptmann trató de reabrir el caso, incluso rastreó la zona donde se encontró el cadáver y llevó los huesos encontrados para ser analizados por expertos antropólogos forenses con el fin de hallar alguna prueba que exculpara a su marido, pero fue en vano. Aún hoy existen páginas web dedicadas a denunciar el asesinato de Hauptmann.[4]

Lo mejor en las conspiraciones es fijarse en las pruebas físicas y dejarse de testimonios. Si eliminamos las declaraciones de los testigos y las pruebas caligráficas por supuesta manipulación, quedan dos circunstancias objetivas en contra de Bruno Richard Hauptmann: tenía quince mil dólares del secuestro y, además, la escalera se hizo con madera de su casa y con su sierra. Es decir, una circunstancia anterior y otra posterior al secuestro. Es difícil pensar que no tuvo nada que ver o que no sabía nada, y más si tenemos en cuenta que, como pasó en España con el caso Alcácer, fue un juicio con una brutal cobertura mediática y casi todos los detalles de la investigación fueron públicos. Por tanto, filtrando todo el ambiente y el racismo, opino que al menos estaba implicado, pero dudo de que lo hiciera solo.

Por cierto, que una de las muchas chapuzas del caso Lindbergh fue la autopsia, que ni siquiera pudo determinar el sexo del cuerpo. En cambio, una autopsia bien llevada da muchísima información.

4. <www.lindberghkidnappinghoax.com>.

## Capítulo 3

# LOS CADÁVERES HABLAN SI SABES ESCUCHARLOS

En la filosofía del derecho, en la religión y en el sentido común la vida es el bien más preciado que existe, por eso los crímenes que implican su pérdida son los más graves. Si además de matar a una persona, se le ha causado daño o se ha abusado sexualmente de ella, tenemos los crímenes más horrendos con los que podemos encontrarnos.

Pero si infligir daño a un cuerpo humano puede ser uno de los crímenes más atroces, también llevamos acumulados muchos años de estudio que nos permiten reconocer las marcas, señales y rastros que quedan en un cuerpo y así poder reconstruir los hechos e identificar a los culpables. No es fácil interpretar los indicios y leer un cadáver, pero el método científico es de gran ayuda para intentarlo. Y dado que el método científico se basa en la experimentación, también se ha estudiado la descomposición de los cadáveres, tanto observando cómo se produce en los animales, como utilizando cuerpos humanos legados a la ciencia. Existen unas instalaciones llamadas «granjas de cadáveres» en las que se dejan cuerpos, de diversas tallas y estaturas, en diferentes condiciones para observar cómo se descomponen. La más famosa es la de la Universidad de Tennessee, en la que científicos como William Bass, Arpad Vass o Bill Rodríguez han hecho interesantísimos trabajos sobre este tema. Gracias a ellos podemos afinar en aspectos como la causa de la muerte, las circunstancias en las que se produjo y cuándo tuvo lugar, datos que resultan cruciales en numerosos juicios. Muchos sospechosos pueden presentar una coartada para cierta hora (por ejemplo, que estuvieron cenando con unos amigos, o en el cine), por eso generalmente es imprescindible precisar el momento exacto de la muerte para ver si el sospechoso, después de la cena, se acostó o, en cambio, mató a alguien por el camino.

La descomposición de un cadáver es un proceso muy variable, en el que influyen muchos factores como la causa de la muerte, la edad y peso del cadáver, la temperatura y humedad, etcétera. Sin embargo, se pueden encontrar unos patrones comunes que nos ayudan a desentrañar las circunstancias. Si conocemos en detalle las diferentes etapas en las que se produce la descomposición, o qué aspecto tienen las víctimas de determinados delitos, podemos girar hacia atrás las manecillas del reloj y afinar en la hora y en las circunstancias de la muerte.

## *Finis Gloriae Mundi*

En la iglesia del Hospital de la Caridad de Sevilla existe una obra maestra del barroco andaluz que estremece. Pintada por Juan de Valdés Leal, estaba destinada a adoctrinar al espectador sobre la futilidad de esta vida y el poco valor de los bienes terrenales. El cuadro, titulado *Finis Gloriae Mundi* («El fin de las glorias mundanas»), representa el cuerpo de un obispo enterrado, con lujosos ropajes y joyas, pero descompuesto, reducido a calavera y rodeado de podredumbre. La obra forma parte de un díptico, que incluye la menos conocida *In Icto Oculi*, pero a mí esta no me impresiona tanto como la primera. Realmente pocas cosas hay más democráticas y que tanto igualen a la gente como la muerte. En mi Denia natal decimos «*segur es morir-se*» —lo único seguro es morirse— y Benjamin Franklin lo adornaba diciendo: «Solo dos cosas hay seguras, la muerte y pagar impuestos». De la segunda, la Agencia

Tributaria podrá señalar alguna que otra excepción, de la primera no, salvo en algunas religiones, que hablan de inmortales o de gente que sube a los cielos en cuerpo y alma.

Realmente nacemos con un envase retornable, biodegradable y reciclable. El oficio de difuntos lo deja claro, «polvo al polvo, cenizas a las cenizas», aunque prefiero a Quevedo y su soneto, aquel de «cerrar podrá mis ojos la postrera / sombra que me llevare el blanco día», que acaba diciendo «su cuerpo dejará, no su cuidado; / serán ceniza, mas tendrá sentido; / polvo serán, mas polvo enamorado». Llama la atención que el polvo se considere la última constancia del paso de alguien por el mundo, algo hermoso ya que metafóricamente cierra el círculo y nos hace pensar en el primerísimo instante de la vida animal, la concepción. No siempre un cadáver acaba convertido en polvo. Un cadáver puede sufrir diferentes procesos de descomposición y cada uno de estos tiene una escala temporal diferente, lo que puede ser tremendamente interesante desde el punto de vista de la ciencia forense.

Para empezar, ¿a qué consideramos muerte? Parece que sea algo muy obvio, pero no lo es. Hipócrates ya describía los rasgos del rostro cuando se avecinaba la muerte. Hablaba de nariz afilada, ojos hundidos, orejas frías, color lívido en la cara. Hoy en día todavía se conoce este aspecto con la expresión «facies hipocrática». Tradicionalmente se consideraba como muerte el cese de la actividad cardíaca y respiratoria, y muchos de los métodos tradicionales para determinar la muerte, como tomar el pulso o poner un espejo en la nariz, se basaban en este principio. El problema es que hay casos documentados donde el cese de la actividad cardíaca o respiratoria no ha sido irreversible, como ha ocurrido con personas que han estado a punto de ahogarse en aguas frías. Actualmente, la muerte se certifica en función de varios parámetros además del cese de la actividad cardiorrespiratoria, como el estado de las pupilas o la actividad cerebral.

Lo primero que debe hacer un forense es verificar la muerte. Obviamente la mayoría de casos no dejan lugar a la duda, si el cuerpo ya está frío, o partido en pedazos, pero aun así es muy típica la escena de ver a alguien en el suelo y como el primero que llega le pone la mano en el lateral del cuello para buscarle el pulso. Fallo. Lo más usual hoy en día es coger una linterna y enfocarla en el ojo para ver si la pupila está dilatada o no, algo que ya empieza a verse en alguna película, aunque el gesto del pulso sigue siendo frecuente.

Normalmente, cuando se encuentra el cadáver, y una vez hecha la documentación fotográfica y la recogida de muestras, el juez autoriza su levantamiento y se lleva al instituto de medicina legal para hacerle la autopsia, de la que hablaré en detalle más adelante. No obstante, a primera vista, ya sea en el lugar del crimen o recién llegado a la sala de autopsias, un cadáver puede dar información valiosa sobre su identidad o la causa de la muerte. La inspección inicial del forense consiste en tratar de buscar marcas y señales externas que nos permitan identificar el cadáver, como peso, medida, rasgos físicos, tatuajes o marcas distintivas, entre otros datos. Esto puede parecer muy obvio, pero conviene tener en cuenta que muchos cadáveres se encuentran en fragmentos o en estado de descomposición, y la identificación puede basarse en un trozo de piel con un tatuaje distintivo, una cicatriz o la ficha dental. El forense también debe buscar indicios de cómo se produjo la muerte, mirando la posición del cadáver o las heridas que presenta, o si existen señales de lucha. En la serie *El mentalista* el personaje de Patrick Jane es un antiguo mago mentalista que hacía creer que sus poderes eran verdaderos y ahora colabora con la Policía Estatal de California (y luego con el FBI). Se pasa toda la serie tratando de cazar al asesino de su mujer y su hija, John el Rojo, algo que aparentemente consigue al final de la tercera temporada, pero luego se alarga, de forma un tanto artificiosa, tres temporadas más para acabar atrapando a otro sospechoso que sí parece ser el verdadero culpable. La serie habla de todos los engaños que utilizan los supuestos videntes. Solo hay una excepción, un episodio en el que aparece una supuesta vidente que le dice que su hija no sufrió cuando fue asesinada y esto emociona al mentalista. A ver, una niña apuñalada. Simplemente viendo si la mancha de sangre es grande y regular (señal de que se desangró sin llegar a despertarse) o si hay muchas puñaladas en el cuerpo, manchas de sangre y heridas de defensa (apuñalamiento en los brazos y muñecas porque se los puso en la cara para protegerse) se puede saber si sufrió o no. No hace falta molestar a ningún espíritu. *CSI* es una serie que en general mantiene un tono bastante científico, aunque en un episodio aparece un vidente con supuestos poderes reales y, en otro, el forense le explica a Grissom dónde están los *chakras*, algo imaginario propio de la medicina ayurvédica.

Para determinar la hora de la muerte, hay que conocer muy bien todo lo que le puede pasar a un cadáver y la escala temporal en que sucede, algo que sabemos gracias a muchas horas de investigación.

## Qué pasa cuando hace poco que hemos muerto

En las primeras horas después del fallecimiento tienen lugar los llamados «fenómenos cadavéricos tempranos» que, bien reconocidos y descifrados, nos pueden ayudar a determinar la hora aproximada del fallecimiento y en algunos casos las circunstancias de este.

El más reconocible es el *algor mortis* y hace referencia al enfriamiento que sufre el cuerpo después de la muerte. Nosotros, como animales de sangre caliente, poseemos un sistema bioquímico que a costa de consumir energía (que obtenemos de la comida) mantiene nuestra temperatura corporal constante alrededor de 36-37 °C. Cuando nos morimos ese sistema deja de funcionar y, como si fuéramos un radiador apagado, vamos transfiriendo el calor que hemos producido al entorno y nuestra temperatura baja poco a poco hasta igualarse con la del ambiente. En algunos libros aparece que la temperatura disminuye aproximadamente un grado por hora durante las primeras doce horas, aunque esto es muy variable en función de la temperatura, la humedad, la ropa que lleve el cadáver y el medio. Si el cuerpo está en el agua, la pérdida de calor será muy rápida; si está en la superficie, más lenta, y si está enterrado, también cambiará. Es importante tomar la temperatura del interior del cuerpo (suele ser la del hígado) dado que, si le queda algo de calor y todavía no está a temperatura ambiente, es una señal inequívoca de que la muerte es reciente, aunque establecer la hora exacta a partir de este dato es poco fiable y, como mucho, solo podemos obtener un margen.

Otro fenómeno que sucede al poco de morir es el *rigor mortis* o rigidez cadavérica. De todos es conocida la expresión «estar tieso como un fiambre» o «estar tieso» como sinónimo de no tener un duro o de estar muerto. El *rigor mortis* es un proceso que empieza a las tres o cuatro horas del fallecimiento y que se suele completar pasadas doce horas, empezando por los músculos más pequeños y acabando por los más grandes. A las veinticuatro horas del deceso suele alcanzarse el máximo agarrotamiento. Pasadas cuarenta y ocho horas, empieza a desaparecer y los músculos vuelven a estar flexibles. Dado que los músculos faciales también se contraen, es fácil que el muerto cambie la expresión de la cara, normalmente abriendo la boca. Otro fenómeno más macabro todavía es que, cuando se agarrotan los músculos que controlan el movimiento de los pulmones, pueden hacer que el cadáver exhale el aire que contiene y, al pasar por las cuerdas vocales, emita una especie de gemido. Si estás delante, el susto no te lo quita nadie. De la misma manera que, según la postura, el cadáver puede moverse o incorporarse. No está resucitando, se debe a la contracción muscular por el *rigor mortis*. Por cierto, para que la carne de ternera de calidad esté buena, tienen que haber pasado varios días desde su sacrificio. Esto es debido a que el proceso de maduración de la carne consiste en que pase el *rigor mortis* (momento en el que, si te la comes, estará dura como una piedra y te arriesgas a que el bistec te salga carísimo por la factura del dentista), pero en la fase post-*rigor* la carne se queda tierna y es el momento óptimo para su consumo pues la degradación de los componentes de los músculos hace que sea más blanda. Durante esta etapa muchas células se degradan, entre ellas los glóbulos rojos, que expulsan el potasio de su interior. Este potasio se puede acumular, por ejemplo, en el interior del ojo y es una de las formas más fiables de establecer la hora de la muerte para cadáveres encontrados a las pocas horas.

Como estamos viendo, los cadáveres siguen las leyes de la física y la química que gobiernan el universo. El *algor mortis* es un fenómeno termodinámico; el *rigor mortis*, un fenómeno bioquímico, y existe otro, el *livor mortis*, que se debe a la física clásica. Cuando el corazón se para, la sangre deja de circular y por acción de la gravedad empieza a depositarse en las zonas inferiores. Si una parte del cuerpo está en contacto con una superficie, los capilares estarán cerrados por la presión, por lo que la sangre no se depositará, acumulándose en las partes orientadas hacia abajo que no están en contacto con una superficie, como la parte lumbar (si el cadáver está boca arriba, técnicamente, en decúbito supino) o la parte delantera del cuello si está boca abajo (decúbito prono).[1] Al coagularse, la sangre se quedará fijada en esta zona hasta que llegue la descomposición, con lo cual será una indicación muy evidente de si el cadáver se ha movido y del relieve de la superficie sobre la que se encontraba.

Además de la posición del cadáver, el *livor mortis* puede

1. En los informes forenses se utiliza una infinidad de términos para indicar la posición en la que se ha encontrado el cadáver. Nombrarlas es muy largo, pero, si tenéis curiosidad, os recomiendo leer Camacho Gallo, Javier Alfredo, «Medicina legal: posiciones cadavéricas», *Mundo Forense*, agosto de 2014, en <http://revistamundoforense.com/medicina-legal-posiciones-cadavericas>.

indicarnos la causa del deceso. Por ejemplo, en los suicidios con los gases del tubo de escape, o en las muertes accidentales por estufas, calentadores de butano u hogueras en invierno. Esto se debe a respirar monóxido de carbono, que es capaz de reaccionar de forma irreversible con la hemoglobina. Mientras estás respirando este gas, la hemoglobina llega a los pulmones y suelta el $CO_2$, pero, en vez de cambiarlo por $O_2$, se une al monóxido de carbono (CO), que la inutiliza. Además no sentimos sensación de asfixia, por lo que directamente te caes y te mueres, de forma indolora e inodora. Al unirse al CO, la hemoglobina forma una molécula llamada carboxihemoglobina, que tiene un color rojo cereza o brillante. Un fallo típico de las películas es abrir el garaje, toser, empezar a agitar los brazos y tratar de rescatar al que se ha suicidado. Normalmente lo salvan, pero, si ya está muerto, el cadáver aparece blanco. Lo normal es que esté de color muy rojo, como un inglés en Benidorm. El mismo CO también se utiliza en la industria alimentaria para que la carne tenga mejor aspecto. En los envenenamientos con cianuro el cadáver también presenta un color rosado característico.

Y, por supuesto, en las primeras horas un cadáver puede deshidratarse. El 70-75 por ciento de tu peso corporal es agua. Cuando estás vivo, sudas para mantener la temperatura. El líquido que pierdes lo recuperas bebiendo. Una vez muerto, el agua se pierde gradualmente a través de los poros de la piel por transpiración (no se puede hablar de sudar porque el sistema que regula la temperatura corporal ya no funciona). La primera señal de que el cuerpo está perdiendo agua se puede encontrar en los ojos, donde aparecen marcas características, como el signo de Somer-Larcher, que se da en los cadáveres que han permanecido con los ojos abiertos. Este signo consiste en la aparición de una mancha marrón en el ángulo externo que, con el tiempo, acaba convertida en una banda marrón horizontal que atraviesa el globo ocular a la altura del ecuador debida a que, al deshidratarse la esclerótica (la pared exterior del ojo, de color blanco), esta va volviéndose transparente y deja ver los pigmentos del interior. Si alguien le ha cerrado los ojos al cadáver pasadas unas horas, esta mancha lo delatará. Otro signo típico de la deshidratación es el signo de Stenon-Louis, que se produce a las veinticuatro horas si los ojos están cerrados, y que consiste en que la córnea se hace opaca y los globos oculares se hunden dentro de las cavidades, dando ese aspecto de ojos vacíos tan propio de las películas de terror. ¿Os acordáis de los ojos de la madre de Norman Bates en *Psicosis* (Alfred Hitchcock, 1960)? Pues una cosa parecida.

Uno de los mitos más recurrentes es que, después de muerto, el pelo y las uñas siguen creciendo. No es cierto. El pelo y las uñas están formados principalmente por una proteína llamada queratina. Cuando te mueres, los procesos normales de una célula —entre ellos la síntesis de proteínas— dejan de funcionar, por lo que no puedes seguir fabricando queratina, *ergo* es imposible que el pelo y las uñas crezcan. Lo que realmente pasa es que, al deshidratarse el cuerpo, la carne pierde volumen. Las uñas y el pelo no se deshidratan ni pierden volumen puesto que el porcentaje de agua que tienen es mínimo, y por eso pueden aparentar haber crecido en un cadáver, cuando realmente son los tejidos que les rodean los que han encogido.

Si se tienen claros estos cuatro fenómenos (*algor*, *rigor*, *livor mortis* y deshidratación) y la escala de tiempo en la que sucede cada uno, los médicos forenses pueden hallar información valiosa sobre la hora y la causa de la muerte, aunque algunos guionistas no se hayan enterado. Me gusta mucho Hitchcock, pero todo el argumento de una película clásica de la historia del cine como es *Vértigo: De entre los muertos* (1958) se basa en una trampa de guion que un forense desmontaría en diez segundos y mirando el cadáver de lejos. Se supone que al detective Ferguson (James Stewart) le hacen creer que la presunta esposa de su cliente, encarnada por Kim Novak, se ha suicidado. Realmente, se trata de una doble que aparenta suicidarse y dan el cambiazo por el cadáver de la verdadera esposa, convenientemente asesinada por su marido un ratito antes. A ver, si te suicidas tirándote de un campanario, en el momento que impactas contra el suelo el corazón sigue latiendo y el sistema circulatorio todavía tiene tensión arterial, por lo que, en el momento del choque, cuando se fractura el hueso por el impacto y se producen heridas, la sangre manchará en un radio considerable debido a la presión arterial. Si lanzas un cadáver, no hay presión arterial, y este cae, los huesos se rompen pero la sangre no se esparce alrededor, de modo que

Un error típico de muchos criminales es pensar que, cuando matas a alguien, si luego quemas la casa borras las pruebas y no se puede saber si la víctima se ha muerto en el incendio o no. Gran error. Primero, para degradar por completo un cuerpo hace falta muchísima temperatura, que en un incendio no suele alcanzarse. Pero aún hay más: cuando alguien queda atrapado en un incendio, normalmente muere por la asfixia de los gases antes que quemado, así que si en el pulmón no tiene carbonilla y humo, mal vamos. Además, al quemarse adopta un pose característica, conocida como la postura del boxeador (este es el nombre que sale en los libros de medicina forense), debido a que tenemos más músculos flexores que extensores y, puesto que sufren una fuerte deshidratación con el calor, se quedan contraídos asemejando la típica posición de guardia de un boxeador. Otro fenómeno típico de los cuerpos quemados es que, por el calor, hierve el contenido interno del cráneo y, en menor medida, el del tronco. Lo más normal es que la cabeza acabe estallando por la presión y, en muchos casos, también lo hagan el tórax y el abdomen. Si encuentras un cuerpo en un incendio y no tiene los músculos contraídos, o no ha estallado la cabeza, es posible que llevara varias horas muerto antes de producirse el incendio.

el cuerpo no estará rodeado de una mancha de sangre. Si el forense llega pronto, la temperatura le indicará que hace ya un rato que está muerta y que, por tanto, la escala temporal no concuerda con el salto del campanario. Pero es que hay más. Si la ha matado a media tarde y finge el suicidio por la noche, el *rigor* y el *livor* habrán empezado y el forense notará que tiene músculos rígidos o depósitos de sangre, señal de que lleva tiempo muerta y que la han movido. Y ya, para finalizar, por la distancia entre el punto de impacto y el alero del campanario se puede saber si ha saltado o la han lanzado. Lo siento, Alfred, me encanta tu cine... pero lo de *Vértigo* no cuela.

Como hemos visto para cadáveres recientes, ninguna técnica nos da una fecha exacta, sino que trabajamos con márgenes. La forma de hacer la estimación es considerar la fecha según diferentes técnicas o, incluso, recurriendo a técnicas indirectas. Por ejemplo, en casos de cuerpos hundidos, accidentes o incendios, si llevan un reloj analógico es muy probable que se pare indicando la hora, lo mismo que las llamadas de móvil, tanto las emitidas como las contestadas, te pueden dar una estimación de hasta qué hora estuvo vivo. Otra evidencia indirecta que suele considerarse es el contenido estomacal. La digestión dura aproximadamente dos horas, después de la cual el bolo pasa al intestino, donde está unas seis horas. Analizando el tracto digestivo y viendo en qué fase de la digestión se encuentra, podemos hacernos una idea del tiempo transcurrido entre su última comida y la hora de la muerte.

## Fenómenos cadavéricos tardíos destructores. Aquí empieza a oler a muerto

Pasado un tiempo, lo más normal es que el cadáver empiece a descomponerse, algo que hace el trabajo de forense muy desagradable. Ahora sabemos que esta descomposición sigue unas pautas y se puede dividir en etapas. La primera es el periodo cromático. Mientras estamos vivos, tenemos aproximadamente dos kilogramos de bacterias repartidas por diferentes partes del cuerpo, principalmente en el intestino, y en el caso de las mujeres también en la vagina. Estas bacterias, en general, son nuestras amigas ya que nos ayudan a asimilar mejor la comida. De hecho, los alimentos prebióticos están pensados para mejorar esta flora intestinal y los probióticos directamente contienen los bichitos que la forman. Sin embargo, cuando te mueres, estas bacterias ya no se acuerdan de que son tus amigas, de todo lo que habéis vivido juntos, de que nadie mejor que ellas conoce cómo eres por dentro y, simplemente, se dejan llevar por sus instintos más primarios... Tienen hambre y ya no les llega comida. Favorecidas por la autolisis celular que ya ha ablandado muchos tejidos y por la falta de un sistema inmune que las mantenga a raya, comienzan a comerte por dentro. Hay un dicho: «Cría cuervos y te sacaran los ojos», pero nunca he conocido a nadie que críe cuervos ni que se quede ciego por ello. Sería más correcto decir «cría bacterias y se te comerán por dentro», porque realmente eso es lo que pasa. El periodo que necesitan las bacterias para comerte es bastante irregular. En obesos y bebés es bastante más rápido porque, en proporción, hay más tejido blando. Si te has muerto por una enfermedad infecciosa, esas mismas bacterias pueden haber adelantado la faena mientras estás vivo y la descomposición será más rápida. Por el contrario, si antes de morirte has tenido un tratamiento con antibióticos o has muerto envenenado o intoxicado, esto puede haberse cargado las bacterias y la descomposición será mucho más lenta.

La primera señal de que las bacterias están saciando su hambre con tus intestinos es una mancha verde que aparece a la altura de la fosa ilíaca derecha, la hendidura que hay por encima de la ingle y a la derecha de los abdominales (si es que los localizáis, porque los míos son muy tímidos y se esconden detrás del michelín). El color verde que asociamos con la descomposición es debido a que las bacterias, principalmente clostridios y coliformes, descomponen la hemoglobina y esta se une a compuestos de azufre producidos por las mismas bacterias, formando sulfohemoglobina, que tiene el característico color verde cadáver podrido. Por eso este periodo se llama cromático, porque el cadáver empieza a coger color de maquillaje de Halloween. Pero el cambio no es solo visual. Las proteínas de cualquier animal, incluyéndote a ti, querido lector, tienen aminoácidos como la cisteína o la metionina que contienen azufre. Al ser digeridas por las bacterias, forman compuestos como el ácido sulfhídrico, que huele a huevos podridos. No es una metáfora. La clara de huevo es muy rica en aminoácidos con azufre y, al descomponerse, emana ese olor característico. Las proteínas también tienen grupos con nitrógeno que, al descomponerse por acción de las bacterias, pueden producir unos compuestos llamados poliaminas, que tienen nombres tan expresivos como putrescina, espermina, espermidina y cadaverina. No mienten. Huelen precisamente a lo que su nombre sugiere. Así que el olor a cadáver es una mezcla de compuestos que contienen azufre y nitrógeno, los cuales huelen mal por separado, pero, juntos, peor.

Creo que hasta aquí os hacéis una idea de que un cuerpo que lleva varios días muerto no es algo agradable. Pero la mente humana es misteriosa. El ya mencionado Manuel Delgado Villegas, el Arropiero, mató a una de sus novias (una chica deficiente mental llamada Antonia Rodríguez), la escondió en el campo y, durante una temporada, seguía realizando prácticas sexuales con ella. Imaginad el estado en el que se encontraría la pobre infortunada para haceros una idea del personaje. Y los hay peores. La película de Hitchcock *Psicosis*, basada en la novela homónima de Robert Bloch, y el asesino en serie Buffalo Bill que aparecía en *El silencio de los corderos* están inspirados en un personaje real, Ed Gein, al que solo se le atribuyen dos muertes... pero que tenía la costumbre de asaltar cementerios y hacer de todo con los cadáveres recientes, desde marroquinería con la piel a artesanía con las calaveras y los huesos. En la serie *American Horror Story*, estrenada en 2011, un personaje tiene un cadáver guardado en un cajón y de vez en cuando lo saca y juega con él. Por supuesto, el cadáver siempre es guapo y está limpio. Opino que, en realidad, tendría que jugar a los puzles porque, durante la descomposición, el tejido conectivo también se degrada y, si coges una extremidad, lo más normal es que te quedes con ella en la mano.

> Experimentos caseros. Los gases que se producen en la descomposición de la materia orgánica se pueden producir a partir de materia inorgánica. En cualquier tienda de minerales puedes encontrar piedras de pirita, que son como cubos regulares de color brillante y están compuestas de sulfuro de hierro. Si las mezclas con ácido clorhídrico, es decir, el salfumán que compras en el súper, el gas que se desprende es ácido sulfhídrico, el mismo que se forma en la descomposición de un cadáver. Si lo hacéis, que sea en un lugar con mucha ventilación, ya que es bastante tóxico.

La mancha verde no aparece en todos los cadáveres. Si en el cuerpo tienes heridas o laceraciones, por ejemplo, debidas a un apuñalamiento, puede ser que la descomposición empiece por allí. En los cadáveres de neonatos o fetos, al no tener todavía el intestino colonizado por la flora, la mancha verde empieza por el ano o por las vías respiratorias, por tanto la descomposición irá de fuera hacia dentro por la acción de las bacterias del ambiente.

Después de ponerte verde —en el sentido propio del término—, las bacterias siguen con su festín y producen gran cantidad de gases que van acumulándose dentro del cadáver. Esto marca la segunda fase, el periodo enfisematoso o gaseoso. Los gases provocan una hinchazón, sobre todo del abdomen, la papada, los globos oculares y, en hombres, también del escroto. Debido a la presión de los gases putrefactivos, el ventrículo izquierdo se contrae e impulsa la sangre, por lo que se marcan las venas superficiales que han servido de autopista para las bacterias y toman color verde y luego negro, por acumulación de diferentes compuestos de degradación de la hemoglobina. Una curiosidad es que esta acción de las bacterias, más la de los insectos, que veremos más adelante, genera una cantidad apreciable de calor. Un cadáver en descomposición está a mayor temperatura que el entorno, lo que provoca fenómenos curiosos. Cuando exhalas en un ambiente frío el vapor se condensa y se ve, o cuando te sirven un plato de sopa muy caliente también ves el vapor. Cuando un cadáver se descompone en un ambiente frío, sale un vaporcillo perfectamente visible que puede servir para localizarlo.

Cuando la gente se disfraza de zombi suelen reproducir fielmente lo de la piel verde y las venas marcadas en negro, pero olvidan el pequeño detalle que en este periodo los cadáveres están grotescamente hinchados. En el famoso vídeo de *Thriller*, de Michael Jackson, si el maquillaje fuera fiel a la realidad, además de ropa hecha jirones y pieles verdes o grises, deberíamos haber visto vientres hinchados como por un ataque de aerofagia producido por haberte comido cinco kilos de fabada, ojos de sapo y unas entrepiernas que harían palidecer a John Travolta/Tony Manero en *Fiebre del sábado noche* (John Badham, 1977) o al mítico ballet de la película *Top Secret!* (Abrahams y Zucker, 1984). De hecho, en este periodo algunos cadáveres pueden llegar a explotar. Dado que esto puede alargarse hasta una semana después del fallecimiento, cuando ya se han realizado las exequias y se ha depositado en la tumba, estas explosiones se oirán en un cementerio desde el interior de los nichos. No me gustaría estar cerca si esto sucede. Un caso particular son los cuerpos ahogados, que normalmente se hunden, pero cuando llega la fase gaseosa, si no se lo han comido antes los peces, la densidad disminuye y los cuerpos vuelven a flotar y tenemos esa imagen típica de los cadáveres hinchados flotando que el drama de la emigración ha hecho vergonzosamente frecuente.

Finalmente viene el periodo colicuativo, que, como su nombre indica, es aquel en el que los tejidos blandos ya se han convertido en papillita. Después de esto ya solo nos queda el estudio del esqueleto... que veremos en el capítulo siguiente, porque antes hay que ver las excepciones. No todos los cuerpos cumplen el mandato bíblico de cenizas a las cenizas y polvo al polvo. La podredumbre y corrupción de la carne tiene excepciones.

## Embalsamamientos y conservación artificial de cadáveres

Desde muy antiguo muchas culturas han intentado, por diferentes motivos, frenar de forma artificial el proceso natural de descomposición. Conocer estos métodos es importante para la ciencia forense de cara a las exhumaciones o por si aparecen cadáveres que han sido preparados. Cuando pensamos en un cadáver preparado para conservarse, lo más inmediato es pensar en una momia. Realmente la primera cultura que hizo momificaciones fue la chinchorro, en el Valle de Camarones, en el desierto de Atacama —entre las actuales ciudades de Ilo en Perú y Antofagasta en Chile—, varios milenios antes que los egipcios, aunque en la cultura popular asociemos siempre una momia a la civilización de Egipto. La imagen que tenemos de una momia es la de un cadáver envuelto en vendajes que, en las películas, se levanta de su tumba y a pesar de ir cojeando siempre atrapa a la chica que grita. Así lo vimos en la década de 1930 con el actor Boris Karloff, en la de los cincuenta con Christopher Lee y en 2000, aunque en esta ocasión parecía más atontado el explorador (Brendan Fraser) que la momia (Arnold Vosloo). Para conseguir frenar el proceso de putrefacción, los antiguos egipcios retiraban los órganos y los guardaban en los vasos canopes, cada uno de ellos dedicado a un dios diferente. Gracias a la cultura egipcia se han hecho aportaciones a la anatomía. Por ejemplo, el cerebro se eliminaba sin abrir el cráneo a través de unos ganchos que se hacían pasar por la nariz. Hoy en día, ciertos tumores en la base del cráneo también se operan a través de la nariz. Las aportaciones más destacables de la cultura egipcia han sido, sin duda, en el campo de la química. El natrón (que significaba «sal divina») que utilizaban en el embalsamamiento, ya que favorece la desecación del cadáver, era carbonato de sodio. El amonio, un compuesto que contiene nitrógeno, se llama así en honor al dios Amón y algunos derivados de este compuesto se utilizaban en las momificaciones. Otra aportación cultural de la momificación está presente en las cabalgatas del 5 de enero, esas en que los Reyes Magos llevan oro, incienso y mirra mientras el público desata los instintos más básicos, viscerales y violentos para atrapar un caramelo o una baratija que, una vez en casa, se quedará en un búcaro hasta la cabalgata del año siguiente. Si tienes suerte, en Halloween algún niño pesado del vecindario llamará a la puerta disfrazado, por ejemplo, de momia, y le podrás vaciar el contenido del búcaro en la bolsa del truco o trato (malditas costumbres importadas). La mirra y otras resinas aromáticas se utilizaban en el proceso de embalsamamiento de cadáveres en el antiguo Egipto y su simbolismo es hacer referencia a la naturaleza humana de Jesús (el incienso a la divina y el oro a que era rey).

En la actualidad el embalsamamiento de cadáveres es muy típico en Estados Unidos, y más infrecuente en España. El origen de esta costumbre tan americana de embalsamar los cadáveres tiene que ver con la historia. Durante la guerra de Secesión, los cadáveres eran enterrados donde caían. En caso de que las familias los reclamaran, eran desenterrados y enviados por tren a sus familias, que recibían un ataúd con un contenido putrefacto y maloliente. En 1861 el coronel Elmer

Ellsworth, de veinticuatro años de edad, fue abatido mientras arriaba la bandera confederada de un hotel. El ejército de la Unión vio la oportunidad propagandística e hizo de su muerte un gesto de heroísmo. Para que pudiera ser honrado en su pueblo, contrató los servicios del embalsamador Thomas Holmes. Su cadáver fue expuesto varios días. De la misma manera, el cadáver del asesinado presidente Lincoln fue embalsamado y viajó desde Washington hasta Illinois siendo expuesto en todas las estaciones donde paraba el tren para recibir honras fúnebres de los ciudadanos. Estos dos traslados fueron la mejor propaganda que se pudo hacer a esta técnica... y hasta nuestros días, en los que la gente sigue embalsamándose. También hay que tener en cuenta el factor social, pues en Estados Unidos las familias están más dispersas y las distancias son muy largas, por lo que los entierros suelen hacerse pasados varios días y no como aquí, donde normalmente se hacen el día siguiente. Esto explica también la costumbre, que nos sorprende tanto cuando la vemos en las películas, de reunirse para comer o cenar durante el funeral o, como mínimo, servir un aperitivo. Algo que la gente agradece cuando viene de lejos y se queda varios días hasta el entierro.

En España no tenemos demasiada costumbre de embalsamar los cuerpos, aunque cada vez es más frecuente dar algún tipo de conservación. Una profesión con futuro es la de tanatopractor, es decir, el que se encarga de arreglar a los cadáveres. La deliciosa película japonesa *Despedidas* (Yojiro Takita, 2008) narra en clave de humor las aventuras de un músico en paro que encuentra trabajo de tanatopractor. Es bastante descriptiva de las vicisitudes del oficio en una sociedad muy cerrada como la japonesa, acompañado por los acordes de una gloriosa banda sonora de Joe Hisaishi. La verdad es que yo soy de los que piensa que cualquier tiempo pasado fue un asco y que en costumbres funerarias, gracias a los tanatorios con refrigeración, hemos adelantado. Todavía recuerdo algún velatorio de mi niñez en Denia, cuando la costumbre era hacerlos en casa y en verano había que poner barras de hielo disimuladas en el ataúd que, por supuesto, acababan goteando.

En general los embalsamamientos para un funeral suelen ser una especie de vuelta y vuelta, pensados para aguantar pocos días. Se suele utilizar formol, formaldehido o sulfato de zinc. Los embalsamamientos para largo tiempo, y más si el cuerpo tiene que estar expuesto, son bastante complicados. En la actualidad el embalsamamiento y exposición parece destinado a líderes políticos como Lenin, Stalin, Ho Chi Minh, el filipino Ferdinand Marcos o Evita[2] (es curiosa la preponderancia de países de la órbita comunista, cuando Marx y Lenin condenaban el individualismo y el culto a la personalidad). En España no tenemos esa costumbre, lo que hacemos con los reyes es dejar que se pudran (literalmente) en una sala destinada a tal efecto en El Escorial llamada «el pudridero». Pasados treinta o cuarenta años, los restos son enterrados en la cripta del Real Monasterio del Escorial. Ahora mismo en el pudridero se encuentran los cuerpos de Juan de Borbón y de su esposa María de las Mercedes, que cuando sean enterrados completarán el espacio de la Cripta Real, por lo que habrá que habilitar algo para los siguientes. Entre los cuerpos embalsamados más famosos en España tenemos a la hija del doctor Pedro González de Velasco, fundador del Museo Nacional de Antropología, que no pudo superar el fallecimiento de la joven Concha, de quince años de edad, y la embalsamó para luego robar el cadáver e instalarlo en su casa. La leyenda dice que paseaba con ella por Madrid. Si tuviéramos que elegir el cuerpo embalsamado más hermoso del mundo, sería sin duda el de Rosalía Lombardo.[3] En Palermo, en la Cripta de los Capuchinos se guardan centenares de cuerpos que se enterraban

2. <https://www.washingtonpost.com/news/worldviews/wp/2013/03/08/a-photographic-guide-of-the-worlds-embalmed-leaders>.

3. Para una descripción detallada de esta apasionante historia recomiendo la siguiente página: <http://lacienciadeamara.blogspot.com.es/2015/10/rosalia-lombardo-y-el-liquido-de-la.html>.

Siempre se dice que el forense es el único médico al que los enfermos nunca se le quejan, pero no olvidemos que es un trabajo con muchísima responsabilidad y que sus errores pueden tener consecuencias muy graves. Ocurrió así, por ejemplo, en el caso del canario Diego P., un obrero de la construcción desempleado cuya hijastra tuvo un accidente en un parque con un tobogán. Al tratar de curarle las heridas con una crema, le produjo una reacción alérgica. El médico interpretó que el estado de la niña era fruto de los malos tratos, cuando era efecto de la alergia. El accidente le produjo un coágulo a la niña, que falleció a los dos días. El parte de malos tratos y una serie de errores médicos llevo a su detención y linchamiento público, aunque la autopsia exoneró a Diego de toda culpa.[4] Otro caso conocido fue el de José Antonio Rodríguez Vega, el asesino de ancianas de Santander, que asesinaba y violaba a mujeres ancianas que vivían solas en sus domicilios. Tiempo después, se consideró que algunas de las víctimas que se le atribuyeron habían fallecido por causas naturales y que el error se debía a un trabajo forense poco concienzudo.

allí embalsamados y expuestos. Originalmente era la forma de enterrar a los frailes, pero luego mucha gente adinerada quiso seguir este mismo ritual. El de Rosalía fue uno de los últimos cuerpos en ser admitido en esta cripta. Murió de neumonía a los dos años y sus padres le pidieron al químico Alfredo Salafia que la embalsamara para que pudieran seguir visitándola. Utilizó un método que nunca desveló en vida, pero que dejó escrito en sus memorias. Consistía en una mezcla de glicerina, ácido salicílico y sales de zinc. El resultado fue excepcional. El cuerpo de la pequeña Rosalía se asemeja a una niña durmiendo, de ahí su merecido apodo de la Bella Durmiente. Durante

4. http://elpais.com/diario/2009/12/06/domingo/1260075157_850215.html

un tiempo circuló la leyenda de que los monjes la habían cambiado por una muñeca dado su estado, pero un estudio hecho en 2007 reveló que realmente era un cuerpo embalsamado. Por cierto, que este estudio se hizo sin el permiso de la hermana y los sobrinos de Rosalía, que todavía viven, y parece ser que deterioró el cuerpo.

## Fenómenos cadavéricos tardíos de conservación. No todos nos corrompemos

Por supuesto estoy hablando de ciencia forense, y en concreto de medicina y de lo que le puede pasar a un cadáver. Si hablara de la actualidad política, no me atrevería a hacer esta afirmación. Existen determinadas circunstancias en las que un cuerpo evita el proceso normal de descomposición. Las cuatro más conocidas son momificación, congelación, corificación y saponificación.

Las momificaciones de Egipto o de la cultura chinchorro no son tales, sino embalsamamientos. Las dos culturas tienen en común que ambas se han desarrollado cerca de desiertos, en climas secos, los cuales favorecen las momificaciones naturales, por lo que posiblemente vieran que muchos cadáveres se conservaban y trataran de reproducirlo utilizando sus técnicas.

La momificación natural se da en ambientes secos, cálidos y con ligera corriente de aire que producen una deshidratación rápida del cuerpo antes de que las bacterias actúen. La deshidratación es una forma clásica de conservar los alimentos y evitar la acción microbiana. Por tanto, el proceso que se sigue para convertir una pierna de cerdo en jamón, una de vaca en cecina o un lomo de atún en mojama es básicamente el mismo que se emplea cuando se momifica un cuerpo.

Para diferentes culturas, que un cuerpo esté incorrupto se considera una señal milagrosa, a pesar de que tiene una explicación natural. El famoso olor a santidad que desprenden muchos cuerpos incorruptos se puede explicar por el hecho de que un cuerpo momificado de forma natural no huele mal, puesto que las bacterias no han podido medrar en la carne deshidratada y han muerto. Si uno espera encontrar un olor a cadáver y en su lugar no encuentra nada, o un ligero olor a carne seca (como a jamón o cecina), puede asociarlo con un olor agradable, aunque tampoco es que sea una cosa como para ponértelo de ambientador en el coche. La Iglesia católica tiene una lista larguísima de santos y beatos cuya incorruptibilidad es considerada una señal de santidad, como santa Magdalena de Pazzi, la venerable sor María Jesus de Ágreda o santa Bernardette Soubirous, la de *La canción de Bernardette* (Henry King, 1943). En algunos casos es más tradición popular que realidad. Muchos cuerpos aparentemente incorruptos estaban en realidad embalsamados. En ocasiones, detrás de pesados ropajes, y máscaras mortuorias se encuentra un cadáver esqueletizado, que desde fuera da el pego.

Las momificaciones naturales a veces son un problema. Debido a la sequedad del clima, el 80 por ciento de los cadáveres enterrados en los nichos superiores del cementerio de San José, en Granada, se momifican. Esto supone un problema a la hora de reutilizar los nichos ya que hay que partir la momia a trozos en un proceso engorroso y desagradable. Se han intentado técnicas que no funcionaron, como inocular bacterias necrófagas. Actualmente se intenta instalar en los nichos pequeños aspersores que aporten la humedad necesaria para asegurar la putrefacción y facilitar la posterior manipulación.

La congelación de un cadáver, como su nombre indica, se refiere a un cadáver congelado al poco de morir, por lo que las bacterias no han podido ejercer su acción. La congelación rompe tejidos y se pierde el agua, lo que produce una deshidratación. El aspecto de un cadáver congelado es muy similar al de un cadáver momificado. La momia de hielo más famosa es la de Ötzi, el hombre de los Alpes, que fue asesinado de un flechazo en la Edad de Bronce, hace más de cinco mil años. Cuerpos congelados han aparecido en muchas montañas y glaciares, como las momias de Llullaillaco en Salta (Argentina), tres niños de quince, seis y siete años sacrificados hace quinientos años en un ritual religioso, o los tres soldados austrohúngaros muertos en la batalla de San Matteo (1918) que aparecieron en los Alpes en 2004.

No todos los cadáveres conservados se convierten en momias. Otro proceso que previene la descomposición cadavérica es la corificación. Esta se da en los cuerpos enterrados en ataúdes de zinc o de plomo sellados, una práctica en desuso, pero que durante un tiempo fue típica en la clase alta. La falta de oxígeno, junto con la acción bactericida de los metales, previene el crecimiento de las bacterias. El nombre de este proceso hace referencia a que la piel del cadáver adquiere la consistencia del cuero recién curtido. Un caso particular de corificación son los cuerpos encontrados en turberas. En el norte de Europa, en la Edad de Hierro se practicaban sacrificios humanos con elaborados rituales. Estos cuerpos eran lanzados a los pantanos ricos en turba. Aquí se juntan varios factores. Primero, las bajas temperaturas. Segundo, la turba es rica en ácidos provenientes de la descomposición de la materia orgánica, como el tánico, el propiónico y el sórbico, que actúan como conservantes ya que matan a los hongos y a las bacterias. Tercero, la ausencia de oxígeno permite la conservación de la piel y de los órganos internos (no así de los huesos, que se descomponen por el ácido). Entre las más conocidas están el Hombre de Tollund y el de Grauballe, en Dinamarca, y el de Lindow, en Gran Bretaña. La más antigua es el Hombre de Cashel, encontrado en 2011 en Irlanda y que nació quinientos años antes que Tut-Ank-Amón. Esta forma de conservación permite investigar crímenes de hace milenios, porque casi todos los cuerpos encontrados proceden de muertes violentas.

Como estamos viendo, el truco para conservar un cadáver es matar a las bacterias, ya sea deshidratando, congelando o quitando el oxígeno y poniendo un metal o un ácido que se las cargue. En la vida normal para matar bacterias utilizamos jabón. Así que esto también puede servir para conservar cadáveres. La saponificación es un fenómeno químico que evita la corrupción (la de los cadáveres, insisto, no la de los políticos). Para esto se requieren dos premisas: primera, que el cuerpo esté enterrado en un medio alcalino y, segunda, estar gordo o ser un bebé. En ambos casos el porcentaje de grasa corporal es superior a la media. La grasa es la forma que tiene el cuerpo de almacenar energía a largo plazo para cuando lleguen las vacas flacas. Si no llegan nunca, estarán diez segundos en la boca y toda la vida en las caderas. En un medio alcalino, las moléculas de grasa pueden romperse formando unas moléculas popularmente conocidas como jabón, elemento indispensable para tener la ropa limpia y para hacer una película de presidiarios. El mismo proceso de fabricación de jabón a partir de aceite o grasa es el que se da en un cuerpo en un medio alcalino. En un cuerpo saponificado, la grasa externa se convierte en una mezcla jabonosa llamada adipocira, que ejerce una importante acción antimicrobiana, impidiendo la descomposición y conservando el cadáver.

Otra aplicación de las grasas y aceites es utilizar el glicerol que se desprende en el proceso de saponificación y hacerlo reaccionar con ácido nítrico, lo que produce nitroglicerina. En *El club de la lucha* (David Fincher, 1999), Brad Pitt y Edward Norton empleaban la reacción que acabo de describir para preparar explosivos a partir de la grasa que robaban de las liposucciones.

Uno de los cuerpos saponificados más famosos es el de la Dama de Jabón (*Soap Lady*) que se expone en el Museo Mütter del Colegio de Médicos de Filadelfia. Durante muchos años se exhibía explicando que era una señora de unos cuarenta o cincuenta años de edad, que posiblemente murió en la epidemia de fiebre amarilla que asoló Filadelfia a finales del siglo XVIII y que su cuerpo fue encontrado al desmantelar un pequeño cementerio. Las dos investigaciones llevadas a cabo sobre el cuerpo han demostrado que ninguno de estos datos es cierto. Una radiografía encontró horquillas y botones en su vestido que no se utilizaron en Estados Unidos hasta 1830, y nunca hubo un cementerio donde se suponía que se encontró su cadáver. La edad se asumió por el hecho de que no tenía dientes, pero de acuerdo con las radiografías de sus huesos se ha determinado que posiblemente no llegara a los treinta años, por lo que todo lo relacionado con este cadáver convertido en una pastilla de jabón de metro sesenta sigue siendo un misterio.

De todos los fenómenos cadavéricos tardíos que impiden la descomposición, la saponificación es la más útil para la investigación forense. Las corificaciones son infrecuentes hoy porque ya no se utilizan ataúdes de plomo o zinc, mientras que las momificaciones también suelen darse en cuerpos inhumados correctamente. Sin embargo, las saponificaciones son frecuentes en cuerpos enterrados sin ataúd o directamente abandonados, que son los que suelen ser víctimas de crímenes violentos y encontrarse tiempo después. Esto ayuda por una parte a fechar la muerte (el proceso oscila entre tres semanas y seis meses) y, por otra, conserva el cadáver, incluidas las evidencias que pueden ayudar a determinar las causas del fallecimiento. Por ejemplo, un artículo médico publicado en 2004[5] describe el caso de un recién nacido de tres días en un estado aparentemente normal que deja de comer, entra en fiebre alta y fallece a los quince días. Diez meses después de su fallecimiento, los padres, no contentos con las explicaciones del hospital, solicitan una exhumación del cadáver y un informe forense. Los investigadores encontraron el cadáver parcialmente saponificado, lo que evitó la descomposición y permi-

5. Sibón Olano, A., Martínez-García, P. y Romero Palanco J. L., «Saponificación cadavérica parcial». *Cuadernos de Medicina Forense*, 38 (octubre), Sevilla, 2004.

tió encontrar un fuerte golpe en la base del cráneo. La causa de la muerte no fue natural, sino que se averiguó que el bebé se le resbaló a una matrona y se dio un golpe con la pila, hecho que fue silenciado por el hospital. Otro caso que aparece en la bibliografía médica[6] es el hallazgo de un cadáver, al remover un terreno para construir (un efecto inesperado de la burbuja inmobiliaria), del que se habían eliminado la cabeza y las manos para evitar la identificación. La muerte se había producido hacía más de seis meses, pero el hecho de que su conservación fuera buena debido a la saponificación permitió identificarlo gracias a un tatuaje.

Pues hasta aquí os he contado los diferentes estados en que puede hallarse un cadáver antes de ser un esqueleto y qué es lo que encuentra el forense cuando llega a la escena del crimen. Pero ¿qué pasa una vez han hecho el levantamiento del cadáver y se llevan el cuerpo al instituto de medicina legal? ¿Cómo se investiga un cadáver? Bueno, esa parte no me la han contado ni la he leído. La he visto.

## ¿Cómo es una autopsia?

Para documentar el libro y explicaros cómo se hace la investigación forense, pude acudir a una sala de autopsias. Fue un día de mayo, soleado. He quedado a las diez de la mañana con Manolo, un familiar lejano y, a pesar de eso, buen amigo y médico forense. Dejo a la niña en el colegio a las ocho, así que voy a un bar y desayuno tranquilamente. Me había propuesto no hacerlo para evitar algún espectáculo desagradable, pero me vence el hambre. No confío en mi reacción cuando me vea delante de un cadáver.

6. Casas Sánchez, J. D., Santiago Sáez, A., Rodríguez Albarrán, M. S. y Albarrán Juan, M. E., «Fenómenos de conservación cadavérica. Saponificación». *Revista de la Escuela de Medicina Legal*, n.º 3 (septiembre), Madrid, 2006, pp. 27-36.

Se hace la hora. Pasamos fugazmente por el servicio de Genética para que yo deje la cartera y vamos a la sala. Antes de entrar, me pongo la bata, el gorro, los patucos y la mascarilla. Escamoteo una bolsa de plástico en el bolsillo del pantalón, por si vomito. Es paradójico. La última vez que me vestí de esa forma fue para entrar en una sala de neonatos. Ahora voy a ver de cerca el otro extremo del hilo de la vida.

La sala es una especie de *loft* alto, con unos discretos armarios con el instrumental quirúrgico y básculas. No hace frío, pero sí fresco, o por lo menos a mí me lo parece. Me llama la atención la asepsia y pulcritud y sobre todo que hay luz, mucha luz. Nada que ver con esa tenebrosa sala pequeña bañada por las tinieblas de una tenue luz azul que sale en *CSI*. Creo que la cafetería no está tan limpia. Hay dos cuerpos. Cada uno yace en una mesa de acero inoxidable con fondo de rejilla y salida directa al desagüe para que drenen los líquidos. Hay una pila y un grifo al pie de cada mesa. Me cuentan que antiguamente eran mesas de mármol, con un canalillo para que los líquidos fluyeran hacia el lateral. Lo más normal era acabar la autopsia con los pies chapoteando en material en descomposición y fluidos biológicos varios.

Cuando llego, la primera de las autopsias del día ya está bastante avanzada. Un varón de cuarenta y tantos años y 114 kg de peso. Ha fallecido de muerte súbita mientras jugaba al pádel (cuánto daño hizo Aznar). Hay que hacerle un estudio muy detallado de cada órgano para averiguar qué pasó y descartar cualquier causa punible. La mayoría de sus órganos ya han sido retirados y reposan en la mesa de al lado.

En la otra mesa yace desnudo el cuerpo de otro varón en la cincuentena, alto y flaco, de complexión atlética. Suicidio. Todavía lleva alrededor del cuello el cinturón que ha utilizado para ahorcarse. Alrededor de cada uno de los cuerpos hay cuatro personas. Un médico forense, un técnico y dos mozos (así se les llama). Manolo me presenta a los cuatro, que aceptan mi extraña presencia sin reparos. Pilar, la forense, me explica que es una autopsia fácil, suicidio con nota de despedida y antecedentes clínicos de depresión. No hay nada que haga esperar alguna sorpresa, pero hay que seguir el protocolo que obliga a hacer la autopsia. Lo primero es cortar con el bisturí por la frente, justo por la línea del flequillo, y estirar la piel como quien se quita una camiseta dejando el cráneo al aire. Luego, con una sierra eléctrica, de las pequeñas y radiales, no al estilo de *La matanza de Texas* (Tobe Hooper, 1974), se corta el cráneo como quien parte un coco por la mitad. Antes se hacía con serrucho. Algo hemos adelantado. De momento no he vomitado ni me ha dado tanta impresión como pensaba. Con el movimiento se abre un párpado del cadáver y deja ver un ojo marrón donde se aprecian síntomas de deshidratación. Los dos cuerpos de esa mañana son recientes, por lo que he evitado uno de mis temores, el olor nauseabundo de poliaminas y ácido sulfhídrico. En la sala podría hacerse aquel famoso anuncio de «¿a qué huelen las nubes?» porque no hay ningún olor fuerte. Como mucho, un lejano olor ferruginoso que recuerda a una carnicería. La sierra acaba su recorrido y para separar la tapa del cráneo hacen palanca con una herramienta diseñada a tal efecto.

El cerebro queda al descubierto. No es muy diferente de los sesos de cordero que se ven en la carnicería, aunque más grande. Cae algo de sangre, negra. Separan el cerebro y hacen varios cortes. Todo normal para una persona de poco más de cincuenta años. Me sorprendo a mí mismo siendo capaz de reconocer el cerebelo. Pilar empieza a señalarme el resto de partes. Se me debe de notar el brillo en los ojos por la clase de anatomía en directo y Pilar parece encantada con su improvisado alumno. La base del cráneo desprovista del encéfalo me recuerda al caparazón de un centollo o buey de mar después de habértelo comido. Cosas de veranear en Galicia.

Toca seguir con la exploración de los órganos internos. En *CSI* siempre vemos el famoso corte en Y que va en diagonal desde los hombros hasta el esternón y luego hacia abajo por el centro, perpendicular a la cintura. Cada doctor tiene su técnica preferida y no es la que utilizan aquí. La usual es la técnica de Mata, que consiste en dos cortes a cada lado, desde la cintura hasta casi la axila y un tercer corte uniendo los dos anteriores por debajo de la garganta. El trazado rectangular resultante se abre como si fuera el capó de un coche, dejando al descubierto el interior del tórax y el abdomen. Para cortar las costillas se utilizan las típicas tijeras de podar. La cotidianidad con lo que lo hacen es contagiosa. Me preguntan por mi trabajo. Yo también hago autopsias, pero de plantas. Son más fáciles. Se ríen. Les digo que si encontramos algo verde me encargo yo. Me doy cuenta de que a las ocho personas allí reunidas las mascarillas les tapan la nariz, pero yo en cambio la llevo al aire. Me la coloco bien y mi nariz vuelve a gritar libertad. La llevo al revés. Me la quito, me la vuelvo a poner. Ahora por fin me tapa la nariz. Pregunto algo y se me empañan las gafas. Vuelvo a sacar la nariz de la incómoda mascarilla. No sirvo para un quirófano y a estas alturas ya no noto ni el olor a carne cruda.

El interior del suicida queda al descubierto. La forense empieza a inspeccionar los órganos mientras uno de los técnicos devuelve el cerebro a su sitio, le tapa el cráneo y sutura la piel. Veo una masa irregular anaranjada que recubre el abdomen. Pregunto si es el intestino. No. Es la capa de grasa. El intestino está detrás. Pensaba que la grasa sería blanca, como la del tocino o la del chuletón de ternera que se ve en la carnicería, pero no. La grasa abdominal tiene un agradable color anaranjado que recuerda a una zanahoria, imagino que por la acumulación de carotenos, que son muy liposolubles. El truco para que los pollos cojan ese color es hincharlos a provitamina A y parece que también funciona en las personas.

Empezamos con la inspección, de arriba hacia abajo. Pulmones normales. No fumaba. Separan el corazón para analizarlo con detenimiento más adelante. Sacan el hígado. Lo hacía más pequeño. Me parece enorme. La vesícula está limpia.

Ninguna piedra. Cortan varias rodajas. Limpio. Hubiera seguido funcionando muchos años. Apartamos el intestino y llegamos a los riñones. Son lobulados, como hechos por bolas soldadas. Pregunto si es normal. Más o menos. Lo más corriente es tenerlos lisos, pero han visto muchos lobulados y son perfectamente funcionales. Supongo que será como tener los ojos azules o marrones, un carácter genético. Me pregunto si mis riñones serán lisos o lobulados. Si alguna vez entro en un quirófano, diré que me los miren. Abren el riñón como cuando cortas un aguacate para una ensalada, longitudinalmente. Aparece un quiste. No es grave. Los riñones funcionaban con normalidad. Pilar no saca el resto de los órganos, pero hace una inspección ocular. Los aparta con los dedos enguantados, los palpa y va anotando en el informe.

Vamos a la zona del conflicto, el cuello, todavía amoratado por el cinturón. Le hacen una incisión longitudinal desde la barbilla hasta la glotis. Le quitan la tráquea y el esófago. Me enseñan el hueso hioides. Desprovista del soporte, la lengua cae por debajo de la barbilla y queda colgando. Creo que esto es lo que los asesinos en serie y los fans de las películas gore llaman «la corbata colombiana». Es la segunda lengua humana que veo en una circunstancia fuera de la habitual. La primera ha sido unos minutos antes. Entre los órganos de la otra autopsia estaba la lengua encima de la mesa.

La zona parece un campo de batalla. Hasta un lego como yo ve a simple vista que el tejido no tiene el aspecto del resto de los tejidos y órganos que hemos visto. No hay ninguna historia rara. La muerte ha sido por el ahorcamiento autoinfligido y nada hace pensar en circunstancias externas. No hay abrasiones, ni señales de lucha ni nada extraño.

El corazón sigue en la mesa de autopsias. Pilar pide que lo pesen para el informe. 440 gramos. Pienso en la mitología egipcia y el juicio a los recién muertos, que consistía en comparar el peso de su corazón con una pluma. Si pesaba más, lo devoraba un monstruo. 440 gramos es más que una pluma aunque sea de cóndor. En el Antiguo Egipto le hubieran esperado las mandíbulas del monstruo. Pregunto si la enorme arteria por la que cabe un dedo holgadamente es la aorta. Sí. Bien, he acertado algo. Pilar corta una sección. El tejido cardíaco está sano. Sin cicatrices de infartos. Le pregunto qué hubiéramos visto en un corazón accidentado. Suele verse tejido de otro color. Blanco o negro. Depende. Nota el interés en mi voz y, con toda la paciencia del mundo, empieza a diseccionar poco a poco el corazón, señalando todas las partes. Mira, ¿ves J. M.? La válvula mitral, los ventrículos, estos agujeros de aquí es por donde entran las coronarias. Sabiamente va metiendo el bisturí por donde hay alguna parte interesante. En la parte externa me señala las coronarias. Disecciona una. Limpia. Me señala otra, la descendente. Hace un corte transversal y algo le llama la atención. Vuelve a seccionarla un poco más arriba. Me señala el interior. Hasta yo me doy cuenta. Está casi taponada, prácticamente un setenta y ochenta por ciento del interior lo ocupa un depósito. Inspecciona las carótidas. Tienen unos depósitos mínimos y dentro de lo normal. El depósito de la coronaria está muy localizado. No hay nada antes ni después. Pilar se sorprende. De no haberse suicidado, lo más probable es que hubiera tenido un infarto en pocos años. No es lo frecuente. Deportista, en su peso, pero con una coronaria casi taponada. Carne de *by-pass* si lo hubieran detectado a tiempo... o de infarto fulminante si no. A veces pasa. Meten todos los órganos en la cavidad y cosen. Aquí no hay nada más que ver. El proceso completo ha durado poco más de media hora, ni siquiera ha llegado a los tres cuartos. Le pregunto a Pilar si siempre es tan rápido. Dice que no, que esta era fácil. Hay veces que tienen que estar dos días o más. ¿Cuáles son las más complicadas? Contesta sin titubear. Las de muerte súbita del lactante. Es como hacer un trabajo de precisión. Todo es minúsculo, tienes que ir con mucho cuidado para sacar muestras de todos los órganos y se hace difícil.

Vuelvo a la otra mesa. Los órganos siguen ordenados en el mueble anexo. Veo el estómago y el bazo. Pido que me enseñen el páncreas, cosas de venir de familia de diabéticos. Quiero conocer al causante de mis futuros dolores de cabeza. Una pequeña masa sanguinolenta que no destaca especialmente. En la mesa de autopsias el señor que hace unas horas jugaba al pádel está completamente eviscerado desde la nariz a la cintura. Con la columna vertebral y el arranque de las costillas al descubierto. Lo que se ve recuerda a las piezas de carne con las que se entrenaba Rocky Balboa o a una escultura de Jorge de Oteiza. Jose María, el forense, me dice que me fije. Van a extraer la vejiga. Saca la pequeña bolsa, junto con la próstata. Me enseña también el conducto seminal y se nota el ruido seco cuando el bisturí golpea la pelvis. Corta la vejiga y sale orina. Le pregunto si lo normal es que se abran los esfínteres cuando te mueres. A veces, no siempre. En este caso, retuvo la orina.

Tienen que biopsiar la mayoría de los órganos y no van a cerrar todavía. Un neurocirujano quiere probar una técnica nueva de cirugía en el sistema parasimpático y va a aprovechar esta autopsia.

Parece que hoy no aprenderé nada más. Me marcho con Manolo. Si no me avisan, salgo a la calle con el gorro y los patucos. Vamos a la cafetería. Cortado para mí, pero antes guárdame la cartera que voy a lavarme las manos otra vez, por si acaso. No me apetece comer nada. He desayunado fuerte. Pocas horas después comeré con normalidad un espectacular arroz al horno. Parece que la experiencia no me ha quitado el hambre.

Manolo me cuenta, mientras se zampa una napolitana de chocolate, que él prefiere una autopsia que operar a un paciente, sobre todo con anestesia local. No le gusta hacer daño. Aunque desde que está en genética forense ya no hace ni una cosa ni la otra. Pido que me cuente algún caso curioso o que llame la atención para incluirlo en el libro. Me lo cuenta.

Me despido, no sin antes enviar un Whatsapp con mi foto, vestido con la bata y el gorro, al editor para que vea que me estoy currando el libro y a alguien del trabajo para darle envidia (los científicos somos así).

Llego a casa. Quiero escribirlo en caliente. No he tomado notas ni he hecho fotos, así que todo será mientras lo tenga en la memoria. Por cierto, furtivamente he mirado en la ficha los nombres de las dos personas que yacían en la mesa. De uno solo he retenido el nombre de pila. Soy fatal para caras y nombres, así que no os enfadéis si me saludáis y no os reconozco u os saludo con otro nombre. No es desgana o mala educación, es que no doy más de mí. El otro nombre sí que lo recuerdo. Lo pongo en el buscador de internet. Encuentro un perfil de LinkedIn y otro de Facebook. Ninguno tiene foto. Los dos mencionan una empresa de un pueblo cercano y afición por el deporte. Buscando un poco más, llego a una cuenta de Twitter que lleva medio año inactiva, pocos tuits, pero puedo ver que le gustaba el fútbol y en concreto un equipo. ¿Es él? Quizá. Veinticuatro horas antes seguía vivo y ni él ni yo conocíamos nuestra existencia. Ahora, él no está y yo he conocido detalles íntimos de su anatomía y las trágicas circunstancias de su fallecimiento. La vida es frágil. Me pongo a escribir. Por cierto, las causas de las muertes son reales, pero las circunstancias están cambiadas para que ningún familiar pueda darse por aludido.

## Caso real: el Asesino del Torso

A todos nos suena el nombre de Eliot Ness como el intocable héroe de Chicago que consiguió encarcelar a Al Capone, aunque fuera por evasión fiscal. Tenemos en mente la película de Brian de Palma (*Los intocables de Eliot Ness*, 1987), con esa impresionante escena final en la estación de trenes en la que un carrito de bebé cae por las escaleras, plagiando, perdón, homenajeando, la escena cumbre de *El acorazado Potemkin* (Serguéi Eisenstein, 1925), como reafirma el hecho de que aparezcan dos figurantes vestidos de marinero. Lo que poca gente sabe es que, después de Chicago, Eliot Ness se fue a Cleveland y su último gran caso fue bastante poco lucido. Y en él se encontraron muchos cadáveres en diferentes estados de descomposición.

Estamos en 1934, en Cleveland. Cinco años después del hundimiento de la Bolsa y en plena Gran Depresión. La ciudad tiene grandes bolsas de pobreza y muchísimos vagabundos. El 5 de septiembre se encuentra en el lago el cadáver de una mujer que llevaba tres o cuatro meses muerta. La cabeza y las manos habían sido amputadas. El 23 de septiembre se encuentran los cadáveres de dos hombres más, uno llamado Edward Andrassy y otro sin identificar, asesinados tres o cuatro semanas antes. En los dos casos, sin brazos ni cabeza. El 26 de enero de 1936 aparece el cadáver de Florence Polillo y el 5 de junio se encuentran dos víctimas más. Todas presentaban el mismo patrón. Mendigos, decapitados entre la segunda y tercera vértebra cervical y sin extremidades. Podían ser hombres, mujeres, blancos o negros. Creo que ya vais pillando por qué es importante estudiar la descomposición para poder fechar el momento de la muerte.

Estaba claro que se trataba de un asesino en serie (este término es una mala traducción de *serial killer*, «asesino de serial de televisión» o, más concretamente, «asesino de culebrón», ya que seguir su historia es como acudir a una telenovela por episodios). Se solicita ayuda a Eliot Ness, que desde 1935 era director de seguridad pública de Cleveland. En un principio se muestra reticente a hacerse cargo del caso, pero la alarma pública por el goteo de cadáveres (aparece otro en julio y otro en septiembre) hace que se decida.

La investigación se centra en los mendigos y los ambientes homosexuales, puesto que el hecho de que los hombres aparecieran desnudos hace sospechar (las mujeres también, pero claro, la homofobia no es nada nuevo). Se interroga a más de diez mil personas y numerosos agentes se infiltran entre los mendigos y los ambientes homosexuales, sin ningún éxito. Y siguen apareciendo cadáveres, todos decapitados y sin extremidades. Entre febrero de 1937 y agosto de 1938 aparecen seis cadáveres más. La presión a los investigadores por parte de la prensa, la opinión pública y los políticos se hace insoportable, así que Eliot Ness decide hacer registros exhaustivos en las zonas de mendigos y quemar todas las chabolas, lo que le suscitó graves críticas.

Finalmente aparece un sospechoso, Frank Dolezal, antiguo amante de Florence Polillo, alcohólico y que solía amenazar a la gente con un cuchillo. Las pruebas que lo incriminan son un cuchillo, manchas marrones en su cuarto de baño y una confesión. Pero parece que fue una víctima de la presión para encontrar a un culpable. En agosto de 1939, Dolezal se ahorcó y la autopsia reveló que presentaba varias costillas rotas. Antes de su muerte, se retractó de su confesión diciendo que había sido golpeado hasta confesar.

Se encuentra a otro sospechoso, el doctor Francis Sweeney, un médico corpulento, alcohólico, violento y bisexual. Había sido diagnosticado como inteligente, psicópata y con tendencia esquizoide. En la primera guerra mundial había servido como médico militar y había realizado numerosas amputaciones. Era sobrino de un famoso congresista demócrata, con el agravante de haber sido el oponente político de Eliot Ness cuando quiso hacer carrera política, lo que limitaba la acción de los investigadores y aumentaba la presión por parte de la prensa. En un interrogatorio realizado por el propio Eliot Ness, Sweeney dijo: «¿De verdad cree que soy el asesino? Entonces, pruébelo».

La realidad es que, cuando sintió el cerco policial, Sweeney se mudó de Cleveland y se autorrecluyó en distintas instituciones mentales. Los asesinatos cesaron. Pero la historia tiene un epílogo sonrojante. Desde los hospitales psiquiátricos le mandó varias postales a Eliot Ness burlándose de él por no haber atrapado al asesino.

Hoy, la mayoría de los investigadores sospechan que Sweeney fue el asesino, aunque nunca se encontraron pruebas contra él y murió en un hospital de veteranos en Dayton, Ohio, en 1964. Tampoco está claro el número de víctimas, ya que en fechas parecidas y en zonas no muy alejadas aparecieron cadáveres con un patrón similar, por lo que las doce atribuidas podrían ser realmente más de veinte, o bien actuaron varios asesinos, ya que podría ser que hubiera algún imitador.

Ness nunca pudo superar el fracaso y se sumió en una depresión. En 1942 dimitió de su puesto y estuvo trabajando para el Gobierno en Washington, hasta que, dos años después, pasó a la empresa de seguridad Diebold. En 1947 quiso ser alcalde de Cleveland, pero perdió las elecciones y fue despedido de la compañía. Acabó trabajando en otra empresa en Pensilvania. Falleció de un infarto a los cincuenta y cuatro años de edad. Un final poco digno para alguien que había logrado desarticular a la mafia de Chicago y que había hecho un gran trabajo en Cleveland con la corrupción y el crimen organizado, pero que fue incapaz de resolver el primer caso de un asesino en serie en la historia de Estados Unidos y nunca acabó de superar el daño emocional.

Eliot Ness no supo reponerse de su fracaso. Hay gente que sí puede superar las malas experiencias, pero, en cambio, a otros se les quedan de por vida, como incrustadas en los huesos. Aunque, en la investigación criminal, que los huesos guarden memoria viene muy bien.

## CAPÍTULO 4

# ANTROPOLOGÍA FORENSE. LOS HUESOS NO SIRVEN SOLO PARA EL CALDO

En el capítulo anterior he explicado el proceso que sufre un cadáver mientras todavía quedan tejidos blandos o estos se han conservado por diferentes circunstancias. Sin embargo, el proceso normal de descomposición de un cadáver implica que, después de determinado tiempo (muy variable, desde dos meses a dos años), las bacterias, los insectos y algún que otro animal hacen que lo único que queden sean huesos. Su estudio también puede aportar importantes pruebas para la identidad del cuerpo, las circunstancias y la fecha de la muerte. Por tanto, es una importante herramienta de estudio. El análisis de los huesos es muy específico y normalmente no lo lleva a cabo el médico forense o patólogo forense, sino que existe una especialidad dedicada a ese campo: la antropología forense. Esta disciplina, relativamente nueva, además de ayudar a la resolución de crímenes también sirve para hacer interesantes aportaciones a la historia y a la arqueología, puesto que muchas veces su ámbito de estudio son crímenes que han prescrito, algunos hace varios milenios, como los relacionados con los restos óseos de Atapuerca o de otros yacimientos arqueológicos. Prueba del interés que ha suscitado esta disciplina es que hay hasta una serie de televisión de gran éxito basada en el trabajo de una antropóloga forense, *Bones*, al margen que en muchos capítulos de otras series como *CSI* se hace referencia a técnicas o análisis propios de esta disciplina.

Hay una canción del cantautor catalán Albert Pla titulada «Mi esqueleto», en el disco *Supone Fonollosa* (1995), cuya letra dice que a todos nos dan un esqueleto al nacer y que este crece con nosotros. La verdad es que no va desencaminado. Los huesos están formados por una matriz de proteínas sobre la que se acumula fosfato cálcico. Cuando estamos vivos, los huesos no son una estructura muerta como pueda serlo el tronco de un árbol, que sí está formado por una gran parte de tejido muerto cuyo cometido es únicamente estructural. El sistema óseo, además de la estructural, cumple otras funciones, como servir de reserva de calcio. Los huesos continuamente se están formando y degradando por acción de unas células llamadas osteoblastos y osteoclastos, que están en equilibrio. Cuando este equilibrio no se cumple y la destrucción supera a la formación, tenemos problemas de osteoporosis o de descalcificación. Gracias a que se trata de un proceso dinámico y el hueso no es un tejido muerto que solo sirve de armazón, cuando nos rompemos uno de ellos este se repara si lo inmovilizamos. De la misma manera, a veces podemos tener problemas médicos como los juanetes, los espolones, calcificaciones por tejido que se osifica o huesos que crecen más de la cuenta.

Un cadáver se reduce a esqueleto en un periodo medio de entre dos y tres años, aunque como todo es variable, puede tardar hasta cinco años o ser muy rápido. Las últimas partes en desaparecer son el cartílago, los tendones y los ligamentos (para reconocerlo, son las partes duras que te encuentras en un trozo de ternera). Los huesos tienen una ventaja, son notarios incansables o amantes rencorosos que anotan todo lo malo acaecido en la relación con nuestro esqueleto, y lo dicen al primero que quiera escucharlos. Guardan memoria de muchos hechos pasados de diferentes formas y nos pueden ayudar a resolver crímenes cometidos mucho tiempo atrás. Vamos a pensar un momento en mi esqueleto y en lo que lo recubre. A los cuatro años de edad recibí cuatro puntos de sutura en la barbilla, fruto de un encontronazo con el abusón del patio. Hoy la cicatriz es perfectamente reconocible. También tengo otra encima de una ceja debida a que una noche no encendí la luz para ir al baño, tropecé y aterricé sobre el dintel de una puerta. Si hubiera estado un poco más centrada, sería totalmente como la de Harry Potter. También tengo una marca notable en un dedo porque se me clavó una astilla de madera —se infectó y hubo que quitarla con cirugía menor— y algún lunar característico, como unos en el brazo izquierdo que recuerdan a la Osa Mayor. Si fallezco en circunstancias que requieran que alguien identifique mi cadáver, cualquiera de estas señales puede servir para identificarme si mi rostro está irreconocible (o simplemente no está), pero solo durante un breve periodo de tiempo. Varios días después de muerto ya no quedará ninguna huella de aquel episodio traumático de mi infancia (bueno, no es para tanto, lo superé pronto). Lo mismo se puede decir de una operación de amígdalas, más o menos con la misma edad y sin apenas anestesia, pero de la que me consolé tomando helados. No obstante, si me hubiera fracturado o fisurado algún hueso en mi vida (no ha pasado, ni falta que hace), la huella permanecería indeleble durante mucho tiempo después de muerto. De la misma manera, he sufrido dos operaciones que sí que han tenido que ver con huesos y he ido al dentista varias veces (aunque dentro de lo que cabe soy afortunado, solo he tenido una caries y nunca he llevado ortodoncia). Si alguien investiga mi cadáver años después de mi muerte, podrá saber exactamente de qué me operaron, o reconstruir mi ficha dental sin ningún problema, pero no verá mis lunares en forma de constelación.

Sin embargo, los esqueletos no son eternos. Por acción de los elementos ambientales pueden pulverizarse y quedar reducidos a polvo cumpliendo el mandato bíblico o el poema de Quevedo. El fosfato cálcico del hueso se degrada con facilidad en un medio ácido, de forma que un esqueleto en un suelo ácido durará muy poco tiempo, apenas unos años, mientras que en suelos alcalinos o en un ataúd sin contacto con la tierra puede durar siglos. En determinadas circunstancias los huesos (y en algunos casos la materia blanda), pueden sufrir procesos de fosilización. Lo que explica que podamos estudiar huesos de hace decenas de miles de años, o incluso millones, como en el caso de los dinosaurios. La fosilización se da cuando un organismo muere y es enterrado con rapidez, de forma natural. Puede darse al quedar sepultado en el lecho de un río que aporte sedimentos, en una lluvia de ceniza, en una tormenta de arena o en el barro. La carne se descompone (en contadas ocasiones puede fosilizarse, pero es complicado) y, poco a poco, la materia orgánica es sustituida por la inorgánica. Existen diversas formas de fosilización. En el caso de los restos humanos, la más corriente es la fosfatación, por la cual el fosfato cálcico de los huesos y el carbonato cálcico de la tierra hacen de agentes fosilizantes sustituyendo toda la materia orgánica de los huesos y convirtiéndolos en piedras. Puesto que llamamos fósiles vivientes a las especies actuales de las cuales tenemos registro fósil, el ser humano es un fósil viviente.

Otra ventaja de los huesos es que resisten la mayoría de los tratamientos, incluso los más agresivos. En una cremación comercial no todos los huesos quedan reducidos a ceniza. Esto se puede ver en la película alemana ambientada en Japón *Cerezos en flor* (Doris Dörrie, 2008), donde después de la cremación del padre se ve que no todo es un polvillo fino, ni mucho menos. Para una persona de envergadura normal, el resultado serán aproximadamente tres kilos de ceniza, aunque las medidas son muy variables en función de la talla y el peso corporal. En una cremación es normal que queden trozos más o menos pequeños de hueso o algún diente, por eso tirar las cenizas de un difunto es una actividad regulada y no se puede hacer en cualquier parte. Por ejemplo, ese acto tan romántico de arrojar las cenizas al mar está prohibido en Europa (esto implica que, para salir de aguas europeas, debes alejarte a más de doce millas náuticas de la costa) salvo a algunas empresas que cuentan con autorización. Para poder tirar las cenizas al mar dentro de la ley, la urna debe ser biodegradable y los restos humanos tienen que estar triturados en partículas con un diámetro inferior al máximo estipulado, con lo que se pueden arrojar a más de cuatro millas de la costa si el barco está en marcha a una velocidad de al menos cuatro nudos. Puede parecer muy estricto, pero es que esta práctica aparentemente inocua da problemas y el mar no es un vertedero. En muchas ocasiones la gente utiliza urnas no degradables y estas acaban apareciendo en las redes de los pesqueros, con lo cual no es muy apetitoso comerte una merluza pescada dentro de la urna del abuelo. Y luego está el asunto de que si los restos no se han triturado bien, algún bañista podría encontrarse con un hueso escafoides o un trozo de mandíbula mientras nada, algo bastante asqueroso. Si aun así queréis esparcir las cenizas de un ser querido, ilegalmente en el mar o en una planta, aseguraos de que no haga viento... u os pasará como a Jeff Bridges en *El gran Lebowsky* (Joel y Ethan Coen, 1998) o a Robert Carlyle en *Riff-Raff* (Ken Loach, 1990) y acabaréis quitándoos los restos de vuestro ser querido de la barba o los zapatos. Llegado el caso, no os recomiendo hacer lo que hizo Keith Richards, mítico guitarrista de los Rolling Stones. Esnifarte las cenizas de tu padre no es necesariamente una muestra de amor.[1]

## Cómo leer un hueso

El primer paso para obtener la información contenida en un hueso es tener el hueso. Esto parece muy obvio, pero tiene su historia. A veces la putrefacción no ha acabado de completarse y queda tejido blando. En ese caso el procedimiento habitual es hervirlo de forma que la carne y el tejido conectivo se sepa-

1. <http://elpais.com/elpais/2015/10/07/eps/1444216081_653916.html>.

ren fácilmente del hueso sin necesidad de utilizar ningún cuchillo ni ninguna herramienta que deje marcas en el hueso que puedan alterar el análisis. ¿Os suena a lo que pasa con los huesos de ternera en el cocido? Pues es exactamente lo mismo. En *CSI* hemos visto cómo lo hacen en más de una ocasión, pero de forma aséptica en las mismas instalaciones del laboratorio forense. Hoy casi todos los laboratorios cuentan con el equipamiento necesario, pero no siempre ha sido así. El antropólogo forense William Bass cuenta que una vez tuvo que llevarse una cabeza medio descompuesta a casa porque en la Universidad no contaba con el equipamiento necesario. La puso a hervir en una olla en la que cabía muy justa en la cocina de su casa, pero cuando rompió el hervor, el ímpetu de la burbuja hizo que la olla se volcara, desparramando todo el contenido por la cocina y dejando un profundo olor a caldo de carne. No lo dice, pero intuyo que se pasó tres años durmiendo en el sofá.

Para preparar este libro tuve ocasión de visitar el laboratorio de Miguel Botella, catedrático de Antropología Forense de la Universidad de Granada, y observar el procedimiento de preparación de los huesos. Se hierven durante cuatro horas. Se separa la carne. Se tratan con productos químicos para eliminar restos de grasa y se secan varios días con aire caliente. Después de eso se conservan indefinidamente salvo si hay contaminación por hongos.

¿Qué podemos saber a partir de un hueso? La primera información que podemos leer en un esqueleto es el sexo y la edad del poseedor. A pesar de que no siempre se cuenta con el esqueleto completo, existen diferentes huesos que nos pueden dar indicaciones sobre estos dos parámetros. El más obvio es la pelvis. En una pelvis femenina el ángulo de la sínfisis es mayor de 90°, el hueso sacro está orientado hacia fuera y la abertura pélvica es grande para permitir el parto. El arco del pubis y el ángulo subpúbico son anchos. En una pelvis masculina el ángulo es diferente, el hueso sacro está orientado hacia delante y el arco del pubis y el ángulo subpúbico son estrechos. Esto es lógico dado que los hombres tenemos caderas más estrechas que las de las mujeres. La calavera también presenta diferencias entre el hombre y la mujer: el arco superciliar (el arco de la calavera que está por encima de los ojos) es más pronunciado en los hombres, la zona de anclaje del músculo de la mandíbula es más grande y la propia mandíbula es más cuadrada que en las mujeres, que la suelen tener más afilada.

Respecto a la edad, tampoco es demasiado complicado. Cuando nacemos, los huesos del cráneo no están soldados para permitir que el cráneo se apepine y alargue y así poder salir por el canal del parto. Pero no son los únicos. Durante el crecimiento, muchos huesos tienen una parte de cartílago por donde van alargándose, el llamado disco epifisario. A medida que nos hacemos mayores estos cartílagos se van osificando, pero no todos lo hacen al mismo ritmo, por lo que el grado de osificación de determinados huesos nos da una estimación de la edad del esqueleto que tenemos encima de la mesa. Con la edad avanzada incluso algunas partes no óseas, como la tiroides, también se calcifican. Y para huesos más veteranos, hay señales típicas como descalcificación, artrosis, osteoporosis o vértebras soldadas que indican provectas edades. También podemos saber la altura del individuo si tenemos alguno de los huesos largos, como el fémur o la tibia, a partir de la fórmula de Pearson o de Trotter y Gleser.

De la misma manera que diferentes razas tienen diferente color de piel, también tienen diferentes huesos. Los tres grandes grupos étnicos —blancos (o caucasianos), negros (o africanos) y asiáticos (o mongoloides)— tienen rasgos distintivos en los huesos que son fácilmente reconocibles por un antropólogo forense. La mandíbula típica de los africanos tiene una mordida diferente, con los dientes más separados y los incisivos más anchos en forma de pala, mientras que los europeos los tenemos más amontonados. Los asiáticos suelen tener los molares con tres raíces. Los negros tienen además las rodillas más anchas y los huesos más densos, lo que se aprecia viendo la línea de Blumensaat (apreciable en las radiografías de fémur y rodilla), que tiene una forma distintiva en estos individuos. Este último detalle, unido a que suelen tener menos grasa corporal, explica que su cuerpo tenga menor flotación y que, en general, no haya campeones olímpicos de natación africanos por mucho que algunos lo intenten... como Eric Moussambani, representante de Guinea Ecuatorial en las Olimpiadas de Sídney 2000, aunque el pobre casi se ahoga en el intento. Por el contrario, el hecho de que sus músculos tengan un porcentaje mayor de fibra explica por qué la mayoría de los velocistas son negros.

Y hasta aquí la información general de cualquier esqueleto (sexo, edad, altura, etnia), pero hay que tener en cuenta que cada uno de ellos guarda la historia de su poseedor. Ya he comentado que las fracturas y operaciones dejan huella, pero hay más cosas. Si durante el crecimiento has sufrido desnutrición y por ese motivo se ha parado el crecimiento, en la radiografía de tus huesos aparecerán unas señales características llamadas líneas de Harris. Si eres zurdo o diestro, el brazo dominante tendrá una ligerísima elongación respecto al no dominante. Los trabajos que implican determinada actividad física también dejan diferentes huellas en los huesos.

Y por supuesto, si el propietario ha tenido una muerte violenta, los huesos guardarán el testimonio del fatal desenlace. Los huesos han demostrado que primitivas sociedades humanas del neolítico practicaban el canibalismo por las marcas distintivas que aparecen en los huesos. En las calaveras de los indios americanos fallecidos en enfrentamientos entre ellos hay una señal muy distintiva en la frente, un corte horizontal, resultado de que les cortaran la cabellera. Lo que veíamos en las películas de vaqueros y más recientemente en la película *Malditos bastardos* (Quentin Tarantino, 2009) no era una leyenda urbana. Realmente los indios cortaban las cabelleras de los enemigos derrotados, como bien indican los huesos. En la actualidad, en un caso de muerte violenta es muy frecuente que en los huesos queden marcas de fracturas, apuñalamientos o heridas de bala que nos permitan reconstruir la causa de la muerte y en muchos casos identificar el arma homicida. En el caso de los cuerpos quemados, según el color del hueso podemos determinar la temperatura que alcanzó el fuego.

Podemos hilar mucho más fino. Los huesos también nos permiten saber no solo la edad, sexo, raza y causa de la muerte, sino también qué comía y dónde vivía su dueño. Los huesos acumulan trazas de metales o de otros contaminantes que haya en el ambiente. Por lo general, son cantidades muy pequeñas y sin ninguna incidencia en la salud pero fácilmente detectables en algún análisis. Por ejemplo, la alimentación contiene trazas de metales. Esas trazas son muy variables en función de la zona, ya que dependen de la composición del suelo y de la contaminación específica. En los países desarrollados donde la comida está industrializada, esta se distribuye en radios muy amplios y los controles de calidad alimentaria son férreos, esto tiene muy poca incidencia (en cuanto a las trazas de metales pesados). En sociedades rurales con alimentación de proximidad, se puede trazar la zona de procedencia simplemente por las trazas de contaminación. Así, por ejemplo, el zinc es un indicador de consumo de proteína animal y el estroncio señala consumo de plantas. El aluminio es propio de vivir en zonas tropicales y el plomo indica polución ambiental. Fijándonos en otros elementos más infrecuentes, podemos llegar a localizaciones geográficas específicas. Un buen ejemplo de esto ocurrió en 2001, cuando el torso de un joven de raza negra apareció flotando en el Támesis. La mutilación que había sufrido la víctima, bautizada por la prensa como Adam, así como el extraño contenido del estómago —arcilla, partículas de oro y habas de calabar (*Physostigma venenosum*), una leguminosa que produce un veneno paralizante—

hizo pensar en un ritual de magia negra africana. Por el pantalón que llevaba, se pudo determinar que antes de llegar a Londres había estado en Alemania. Pero lo más interesante es que el análisis de los elementos contenidos en sus huesos permitió determinar que había vivido en África occidental, posiblemente en Nigeria, por lo que había sido llevado ilegalmente a Londres, pasando por Alemania, para participar en un sacrificio humano.

## ¿Qué edad tiene mi hueso?

Otra información importante a la hora de analizar un hueso es datarlo. Ya hemos visto en el capítulo anterior que estudiar cómo se descompone un cadáver nos permite establecer el margen de fechas en el que se produjo el deceso. De la misma manera, los huesos nos dan pistas sobre cuándo murió su poseedor. Normalmente aquí no hablamos de días o semanas, como en los cuerpos en descomposición, sino de años.

Si queremos saber si un hueso es antiguo o no, tenemos varios métodos. Para empezar, los huesos recientes son fluorescentes bajo la luz ultravioleta, mientras que los antiguos pierden esa fluorescencia. Así que una simple lámpara ultravioleta o de luz negra, como la que lleva Grissom en el maletín, nos dirá si estamos tratando un crimen reciente o tenemos que llamar a un arqueólogo. Una vez que han perdido la fluorescencia, se puede estimar la antigüedad por el método FUN (de fluor-uranio-nitrógeno). Los huesos, como hemos visto, tienen una matriz de proteína, y esta, al igual que todas las demás, contiene nitrógeno en su composición. Con el tiempo ese nitrógeno, que representa el cuatro por ciento del peso total del hueso, se va perdiendo. Existen otros minerales, como el uranio o el flúor, que no se acumulan en el hueso mientras estamos vivos, pero que penetran en huesos enterrados sin ataúd poco a poco. Midiendo la cantidad de nitrógeno y la relación con estos dos elementos, podemos estimar el tiempo que hace que los huesos estaban enterrados. Esta técnica no sirve como reloj o como datación fiable, porque la entrada de uranio y flúor depende mucho de la composición del suelo y de la forma de enterramiento, pero es orientativa. Si el suelo no tiene uranio o flúor, veremos cómo se pierde el nitrógeno, pero no cómo entran los otros dos elementos.

Para hacer dataciones más precisas podemos recurrir a otras técnicas. Hay otro legado que queda en los huesos, e incluso en la carne momificada. En la atmósfera hay una proporción de carbono 14, un átomo inestable que se descompone emitiendo radiactividad, pero muuuuuuy poco a poco, con una vida media de 5.730 años. Esto quiere decir que si tenemos un kilogramo de carbono 14, dentro de 5.730 años tendremos medio kilo, porque la otra mitad se habrá descompuesto en otros elementos, y dentro de 11.460 años tendremos un cuarto de kilo, y así sucesivamente. Esto es muy interesante porque el margen en el que podemos medir se encuentra dentro del periodo histórico. La proporción de carbono 14 que existe en el $CO_2$ atmosférico es conocida. Ese $CO_2$ se incorpora a las plantas mediante la fotosíntesis y luego forma parte de nuestro alimento y lo incorporamos nosotros, por lo que en nuestro organismo, o en cualquier organismo vivo, ya sea animal o vegetal, el porcentaje de carbono 14 es similar al que hay en la atmósfera... mientras estemos vivos. Cuando te mueres, dejas de incorporar carbono 14 nuevo, por lo que poco a poco este isótopo va decayendo. El carbono 14 es fácil de medir, por lo que, cogiendo una muestra de madera, hueso o material orgánico y averiguando su porcentaje de carbono 14, podemos saber cuánto hace que murió. Si le queda la mitad, hará aproximadamente 5.730 años; si le queda un noventa y cinco por ciento, hará unos siglos. Por cierto, durante mi tesis trabajé con moléculas marcadas con carbono 14 y seguro que algo incorporé, por lo que la proporción que tengo es mayor que la atmosférica. Si alguna vez encuentran mi esqueleto, dirán que me vuelvan a enterrar, que me faltan varios siglos para nacer.

## Los dientes dejan huella

Un campo particular de estudio dentro de la antropología forense, y por tanto en la ciencia forense, es el estudio de los dientes. La dentadura es un rasgo distintivo de cada individuo, tanto como pueda serlo la huella dactilar, por lo que, en caso de catástrofes o de cuerpos muy deteriorados, una radiografía o una ficha dental pueden ser una herramienta de identificación muy valiosa. En general todos tenemos treinta y dos piezas dentales, divididas en ocho incisivos, cuatro caninos, ocho premolares y doce molares. Durante la vida, los dientes pueden ir sufriendo diferentes patologías o desgastes, para alborozo de dentistas, ortodoncistas y protésicos dentales... y desesperación de padres. Cada uno de estos cambios será un rasgo distintivo de una persona. Además son resistentes a la descomposición, por lo que servirán para diagnosticar un cadáver muchos años después si conservamos una radiografía, una ficha dental o algún dato peculiar (sabíamos que tenía algún diente montado, algún empaste, etcétera). Un rasgo extremo sería un odontoma, un tipo de cáncer de las células dentales que hace que los dientes no dejen de formarse, por lo que ocupan toda la cavidad del paladar. Por cierto, ¿alguna vez os habéis preguntado de dónde salen los dientes? Una calavera infantil que todavía tiene los dientes de leche también es bastante reconocible, puesto que los dientes nuevos que todavía no han salido se sitúan en la mandíbula inferior y en el hueso superior dando un aspecto de *alien* con su doble fila de dientes. En cambio, en las calaveras adultas se puede estimar la edad en función de que haya salido o no el último molar, las conocidas popularmente como muelas del juicio.

Otro valor de los dientes es que en su interior pueden contener el ADN de las células de la pulpa, el cual queda protegido de muchas inclemencias. Gracias a los dientes se ha podido hacer pruebas genéticas de cadáveres muy antiguos.

El hecho de que los huesos, y sobre todo los dientes, sean tan difíciles de descomponer ha permitido atrapar a muchos asesinos. Por ejemplo, John George Haigh, conocido como «el asesino del ácido», fue uno de ellos. John, que actuó en la década de 1940, era uno de esos criminales arquetípicos que seduce viudas adineradas para matarlas y quedarse con sus bienes. Haigh utilizaba la táctica de seducirlas, asesinarlas y disolverlas en ácido. Stevie Wonder hizo una campaña para prevenir accidentes de tráfico en la que inmortalizó la frase «Si bebes, no conduzcas». Parafraseándolo, se podría decir «Si matas a alguien, no bebas» ya que muchos delincuentes tienen la costumbre de emborracharse y contarlo todo en el bar, como era el caso de John. En este caso, el asesino pensó que no sería juzgado puesto que nunca encontrarían los cadáveres y no tendrían pruebas materiales contra él, pero los restos de dientes y dos cálculos biliares de su última víctima fueron suficientes para probar que eran humanos y acabar con su carrera criminal.

## Huesos ilustres

Uno de los campos de estudio de la antropología forense es el hallazgo de restos de determinadas personas cuya identificación no está clara. Aquí, más que en la investigación criminal nos movemos en el campo de la historia, o a medias entre ambas. Las mismas técnicas que se están utilizando para identificar los cadáveres de las fosas comunes de la Guerra Civil, de la de los Balcanes o de las dictaduras chilena y argentina (bueno, más bien de los tres últimos casos, porque en cuanto a las del primero se está haciendo poco) permiten también identificar restos perdidos de gente ilustre. En España tenemos la mala costumbre de enterrar muy mal a nuestros grandes hombres y olvidarnos de ellos, nada comparado con los anglosajones. Vas a Westminster y los tienes a todos enterrados con honores, a pesar de que algunos como Darwin no eran especialmente religiosos. Aquí, los enterramientos con honores solo son para reyes y dictadorzuelos, pero no para científicos y escritores. Aunque en algunos casos, a falta de solemnidad y reconocimiento oficial, tenemos encanto. Pocas tumbas he visto tan hermosas como la de Carmen y Severo Ochoa en Luarca, en un precioso cementerio desde el que se domina la costa asturiana.

Últimamente hemos oído hablar de la antropología forense porque se ha tratado de verificar si los restos de Cristóbal Colón conservados en la catedral de Sevilla eran auténticos, ya que por azares de la historia los restos del navegante han pasado por numerosos avatares. De hecho, existe otra tumba de Colón en la República Dominicana. Estos restos llegaron a Sevilla en 1899 después de la independencia de Cuba, pero previamente estuvieron en Valladolid (donde había fallecido), en el monasterio de la Cartuja de Sevilla, en Santo Domingo y en La Habana. La identificación concluyó que parte de los restos allí encontrados son de Colón, aunque posiblemente estén dispersos en otros emplazamientos.

Recientemente los antropólogos forenses han identificado con éxito los restos de Francisco de Quevedo en la iglesia de San Andrés Apóstol, en Villanueva de los Infantes (Ciudad Real). Por suerte, todavía no se habían convertido en el polvo enamorado que él mismo predijo. La historia de sus restos es bastante esperpéntica. En 1580 fue enterrado en la capilla de los Bustos, en dicha iglesia. En 1796 la capilla pasa al cabildo eclesiástico y se limpian y trasladan todos los huesos sin que nadie repare en su ilustre habitante. En 1869 se piden los restos de Quevedo para el Panteón de Hombres Ilustres. De la capilla se extrae un cadáver y es enviado a Madrid, pero más tarde fue devuelto al comprobar que iba vestido con ropas del siglo XIX. En 1889 el conde de Leyva hace una búsqueda de sus restos, pero no los encuentra. En 1958 don Vicente López

Carricajo, funcionario del ayuntamiento, encuentra una copia del acta de reuniones del Cabildo en la que se indica que debajo de la sala capitular hay una cripta dedicada a santo Tomás de Villanueva, construida en 1648 y olvidada. Pican en la sala capitular. Encuentran la cripta y en el suelo, mezclados, los restos de unos nueve cadáveres pertenecientes a la familia Bustos, propietaria de la capilla original, y numerosos huesos de animales, que se entierran en diferentes tumbas existentes en la iglesia. ¿Os suena a Marca España? En 2006 empieza la investigación oficial, y por suerte el mismo señor López Carricajo les indica a los investigadores que la mayoría de los huesos se habían repartido entre la primera y la segunda tumba. No se podía realizar ningún análisis de ADN, puesto que no se conocen descendientes de Quevedo vivos por línea materna o paterna, pero sí contamos con descripciones físicas contemporáneas, como la de Pablo de Tarsia, que lo describe como de mediana estatura, cojo y lisiado de ambos pies (los tenía torcidos hacia dentro, lo que popularmente se conoce como patizambo). Además existen retratos contemporáneos que lo reflejan como ancho de frente, cargado de espalda y boca desdentada. No, no era un bellezón precisamente. El hecho de que falleciera a los sesenta y cinco años fue una ayuda, puesto que en su época la gente solía fallecer con cuarenta o cincuenta. Se hizo un cribado de huesos por edad y sexo. Al final se pudo separar los huesos del autor del resto de los enterrados y se confirmaron la cojera y los rasgos anatómicos. Por cierto, otra cosa de la que estamos seguros es que su funeral fue humilde. La tacañería de Quevedo era proverbial. En sus últimos días, al preguntarle alguien si quería música en su funeral, contestó: «La música páguela quien la oyere».

Por su parte, la búsqueda de los restos de Miguel de Cervantes en el convento de las Trinitarias, en el madrileño barrio de las Letras, ha sido larga y complicada. De Cervantes solo teníamos las iniciales «MC» aparecidas en una de las tumbas, aunque el ataúd era del siglo XIX, pero se atribuyó a un reenterramiento. Sabemos que falleció a los 69 años, que le quedaban seis dientes y que en el antebrazo izquierdo tiene las heridas de la batalla de Lepanto. En marzo de 2015 se anunció que la búsqueda había dado con unos huesos que cumplían estas características y en junio se inauguró una placa conmemorativa. No obstante, la atribución de estos huesos despierta todavía muchas dudas[2] y no tenemos ninguna prueba concluyente. De encontrarse ADN podría hacerse una prueba puesto que la tumba de una abuela de Cervantes está localizada en Arganda del Rey.

## De la calavera a la cara

Como hemos visto en el apartado anterior, identificar a quién pertenecía un esqueleto no es tarea fácil. En el caso de personajes históricos podemos contrastar los datos que tenemos con lo que nos dicen los huesos y ver si encaja, como se hizo con Quevedo. Los análisis genéticos son las pruebas más concluyentes, pero tienen un problema. Para hacer un análisis de ADN necesitas a alguien con quien comparar, es decir, tienes que tener una sospecha sobre la identidad del esqueleto y algún familiar que te permita hacer la comparación. El problema es cuando encontramos un esqueleto del que no sabemos nada. ¿Está todo perdido? Aquí es cuando Grissom llama a su amiga (¿o algo más?) Teri Miller, interpretada por Pamela Gidley. En el sexto episodio de la primera temporada de *CSI Las Vegas*, Teri hace una reconstrucción facial a partir de la calavera de una mujer con el fin de poder identificarla. En el decimocuarto capítulo de esa misma temporada, Miller reconstruye un esqueleto y se va a cenar con Grissom, pero a este le suena el móvil y se pone a hablar, de modo que la chica se marcha

2. http://www.elmundo.es/cultura/2015/09/26/5605a14f46163ffd208b45a6.html

(con toda razón, oye). En el octavo episodio de la tercera temporada, Grissom vuelve a llamar a Teri para reconstruir la cara de otro esqueleto, resultando que es un muchacho con síndrome de Down. Grissom trata de invitarla a cenar, pero le da calabazas, y allí se acaba la antropología forense en *CSI* y las expectativas de Grissom de ligar con una rubia.

Independientemente de que Grissom liga menos que el chófer del Papa (lo del romance con Sarah Sidle nunca lo he visto muy claro), la técnica de reconstrucción facial es algo que está en uso dentro de la antropología forense, aunque con desiguales resultados. Se supone que a partir de una calavera podemos hacernos una idea aproximada del aspecto o los rasgos faciales del interfecto. El primer intento fue obra de Wilhelm His, quien, utilizando esta técnica, a finales del siglo XIX fue capaz de identificar el cráneo de Bach. No obstante, respecto a los personajes históricos tenemos el problema de que, si existe un retrato contemporáneo y fiable del personaje, el autor de la reconstrucción hará, consciente o inconscientemente, que se parezca al retrato, y si no lo tenemos, no habrá forma humana de saber cuán fiel es el resultado.

En la Unión Soviética, a partir de 1917 Mijaíl Gerásimov trató de sistematizar esta técnica. En 1925 reconstruyó la cabeza de Tamerlán y, durante su carrera, trabajó en unos doscientos personajes históricos. Diferentes universidades europeas también tienen departamentos o investigaciones relacionadas con este método, como la de Manchester, que reconstruyó el aspecto que tendría Filipo de Macedonia.

La técnica de reconstrucción es, en algunos aspectos, más arte que ciencia. Antiguamente se basaba en fabricar un molde de escayola o de arcilla sobre la calavera (actualmente se hace por ordenador) y, si se conocen los datos de espesor de la piel en cada parte de la cara, se consigue tener una aproximación de cómo sería el aspecto de su poseedor. Hay que tener en cuenta que una calavera no nos da información sobre la nariz, las orejas, el color de ojos o el pelo y eso queda a la interpretación de la persona que hace la reconstrucción o bien se utilizan técnicas indirectas. Por ejemplo, si se sabe que es sueco, lo normal es ponerle cabello rubio y ojos azules, y si es italiano, ojos marrones con pelo negro; si hay algún dato sobre alguna cicatriz, señal de nacimiento o evidencia indirecta, se suele añadir. Por ejemplo, en el Museo de la Evolución Humana de Burgos existe una sala donde se exhiben reconstrucciones de diferentes individuos del género *Homo* basadas en las evidencias que se han encontrado. Una de las cosas que explican es que, al carecer de un registro fósil del pelo, el criterio es el siguiente: cuanto más antiguo es el homínido, más pelo le ponen. Es un criterio, sin duda, pero nada impide que tenga excepciones. De hecho, siguiendo ese criterio del pelo en el cuerpo, conozco a varios *Homo sapiens* actuales que no desentonarían si los expusieran en una vitrina en ese museo.

Para muestra de la subjetividad de las reconstrucciones, un ejemplo. En el año 2008 la National Geographic Society quiso hacer la reconstrucción más fiable de un neandertal a partir de los restos óseos encontrados en 1994 en la asturiana cueva de El Sidrón. Utilizando diferentes técnicas de reconstrucción facial, los gemelos Kennis y Kennis hicieron un trabajo primoroso y, por supuesto, como buenos holandeses, al neandertal le cascaron dos ojazos azules preciosos, a pesar de que no es precisamente el color de ojos mayoritario en Asturias. Muy poco tiempo después, estudios de genética de poblaciones determinaron que tener los ojos azules es una mutación muy reciente que se dio en los alrededores del Mar Muerto hace unos cinco mil quinientos o seis mil años, mientras que los restos de la cueva de El Sidrón tienen unos cuarenta y cinco mil años de antigüedad. Por tanto, ningún neandertal tuvo los ojos azules y todos los tenían marrones. Siendo una mutación tan reciente, todos los que tenemos ojos azules (en mi caso herencia de mi abuela materna, que era de Muros, provincia de La Coruña... y eso que mi padre y mi madre los tienen marrones) descendemos del mismo tronco familiar.

Esta técnica no solo tiene interés histórico, sino también forense, para la identificación de cadáveres. El primer éxito tuvo lugar en 1987 en Londres. Un incendio en la estación de King's Cross se saldó con treinta y una víctimas. Una de ellas no pudo ser identificada. El científico Rocharde Neve hizo una reconstrucción facial y las fotos se publicaron en la prensa, lo que permitió la identificación del desaparecido por parte de sus familiares.

Otro éxito de la reconstrucción facial fue el caso de John Emil List, aunque aquí la historia todavía es más alambicada. List era un aburrido contable con cara de buena persona y de no haber roto un plato en su vida, hasta que en 1989 se le cruzó un cable y asesinó a su madre, a su esposa y a sus tres hijos porque, según él, se estaban apartando del modo de vida cristiano. Una vez cometido el quíntuple asesinato, desapareció y se le perdió el rastro. Dieciocho años después, a propuesta del programa de televisión de sucesos *America's most wanted* («Los más buscados de América»), el especialista Frank Bender hizo una reconstrucción facial del probable aspecto que tendría en la actualidad. La emisión de esa reconstrucción permitió que una vecina reconociera a Robert Clark, un aburrido contable con cara de buena persona y de no haber roto un plato en su vida y dieciocho años más viejo que John List. Las huellas dactilares demostraron que era la misma persona y pudo ser procesado por los cinco asesinatos. No es que apoye los programas sensacionalistas, pero hay que reconocer que, en ese caso, una televisión privada actuó como servicio público. Posiblemente este hecho real sea el que haya inspirado el decimoséptimo capítulo de la primera temporada de *CSI* en el que la antropóloga forense Teri Miller no reconstruye una cara a partir de un cráneo, sino que, a partir de la fotografía de una niña desaparecida a los seis años, trata de reconstruir su aspecto en la actualidad, cuando se supone que tiene veintipico. La cosa se lía porque resulta que la niña desaparecida es ahora más mala que la tiña.

En la actualidad estas técnicas se han beneficiado de los

avances en informática y análisis de imagen. La Universidad de Granada ha desarrollado un software que analiza más de dos millones de puntos de una calavera y los compara con las fotos de la base de datos de personas desaparecidas para buscar correlaciones que permitan identificar los restos.

### Caso real: La huida de Mengele

El caso de la identificación de los restos de Josef Mengele (1911-1979), el cruel médico de Auschwitz conocido como «el Ángel de la Muerte», ha sido uno de los éxitos de la antropología forense conjugado con la genética. Una de las cosas sorprendentes de su biografía es que uno de los criminales de guerra más buscados de la historia consiguiera vivir en paz y tranquilidad hasta el final de sus días. Yo no soy muy dado a creer en conspiraciones, pero se hace difícil creer que no tuviera algún tipo de protección o que hubiese hecho algún tipo de trato con los Aliados. Hoy sabemos que Mengele consiguió escapar haciéndose pasar por un soldado de la Wehrmacht (el ejército alemán) y lo detuvieron, pero no fue reconocido y fue liberado. Estuvo unos años escondido en Alemania y luego huyó a Sudamérica, viviendo en diferentes países y con diferentes identidades hasta que, en 1979, falleció en Brasil de un ataque al corazón mientras nadaba en el mar. Fue enterrado bajo el nombre de Wolfgang Gërhard en el cementerio de Embú.

Hay que destacar que, durante los años que vivió en Sudamérica, no hay constancia de que Mengele hiciera ningún tipo de experimento ni que se dedicara a seguir sus proyectos de mejora de la raza aria. Esta hipótesis es la base de la novela *Los niños del Brasil*, escrita por Ira Levin en 1976 y llevada a la gran pantalla (Franklin Schaffner, 1978) con Gregory Peck interpretando a un Mengele malo, muy malo. ¿Cómo puede ser que el Atticus Finch de *Matar a un ruiseñor* (Robert Mulligan, 1962), considerado el personaje más bueno de la historia del cine, después hiciera de Mengele? Qué grande es el cine. Laurence Olivier hizo de cazador de nazis. En la novela se supone que, desde Sudamérica, Mengele está tratando de clonar a Hitler. Y está inspirada en un hecho real. Uno de los pueblos donde Mengele se refugió en Brasil entre 1964 y 1968 fue Cândido Godói, conocida como «la ciudad de los gemelos» por el altísimo número de gemelos rubios con los ojos azules que existen, lo que disparó la creencia de que el macabro criminal había continuado sus experimentos allí. Un estudio reciente ha descartado esta hipótesis, debido a que los gemelos continuaban naciendo en tasas elevadas antes y después del paso de Mengele, y demostrado que tan altísimo número de casos se debe a la alta tasa de endogamia existente.[3]

La identificación de Mengele se hizo a partir de 1985 por un equipo brasileño en colaboración con el centro Weizmann de Los Angeles, tras exhumar su esqueleto de la tumba de Embú para un estudio de antropología forense.[4] Se conocía gracias a su ficha de las SS que había nacido en 1911, medía 174 cm (estos nazis siempre con lo de la raza aria, altos y rubios y resulta que eran todos bajitos y morenos, empezando por Hitler), tenía una ceja singularmente alta y sus dos dientes frontales estaban separados; además, sufrió una infección, osteomielitis y nefritis en la adolescencia. Vamos, lo que viene siendo una piltrafilla de tío. El esqueleto confirmó que era igual en edad y en altura, con una ceja más alta que la otra y los dos dientes incisivos separados, como se ve en las fotos de Mengele. Se realizó un análisis de superposición del cráneo con fotografías y cuadraba. No obstante, el Gobierno israelí

3. Tagliani-Ribeiro, A., Oliveira, M., Sassi, A. K., Rodrigues, M. R., Zagonel-Oliveira, M., Steinman, G., Matte, U., Fagundes, N. J. y Schuler-Faccini, L., «Twin Town in South Brazil: A Nazi's Experiment or a Genetic Founder Effect?». *PLoS One*, 6(6), 2011, pp. 1-8.

4. Eckert, W. G. y Teixeira, W.R., «The identification of Josef Mengele. A triumph of international cooperation». *Am J Forensic Med Pathol*, 6(3), 1985, pp. 188-191.

no se dio por satisfecho y quería descartar que hubiera fingido su muerte y vuelto a cambiar de identidad, por lo que exigió un segundo estudio por parte de sus antropólogos, que llegó a las mismas conclusiones, encontrándose huellas de las enfermedades que aparecían en su ficha y pudiéndose contrastar con intervenciones médicas realizadas en Brasil.

La confirmación definitiva vino por parte de un análisis de ADN realizado en 1992 por el equipo de Alex Jeffreys, el padre de la genética forense, que confirmó la identidad a partir de una comparación con el ADN de su hijo y de la madre de este,[5] con lo que se pudo cerrar el caso Mengele. Bueno, ese y otros muchos. La genética forense es lo que tiene.

5. Jeffreys, A. J., Allen, M. J., Hagelberg, E. y Sonnberg, A., «Identification of the skeletal remains of Josef Mengele by DNA analysis». *Forensic Sci Int*, 56(1), 1992, pp. 65-76.

## Capítulo 5

# GENÉTICA FORENSE. ESTE CURA SÍ ES MI PADRE

Si ha habido una revolución en los últimos años en el campo de la ciencia forense, esta es sin duda la de la genética forense. Esta disciplina ha permitido reabrir casos olvidados y sacar a inocentes de la cárcel, identificar cadáveres de fosas comunes y víctimas de catástrofes. La confirmación definitiva de que el cadáver de Mengele era realmente el suyo se hizo gracias a la genética forense. La genética también ha permitido que la gente encuentre a su verdadero padre... o que descubra que su padre no era el que pensaba. Junto con los análisis químicos, pocas técnicas hay tan precisas y menos sujetas a la subjetividad que el análisis genético. Los errores que se pueden producir son básicamente debidos a fallos humanos. Esta técnica, bien aplicada, es tremendamente fiable. A esto hay que añadirle que la molécula de partida, el ADN, al contrario que otras moléculas biológicas, es muy estable, por lo que pueden hacerse análisis a partir de muestras muy antiguas. Para que nos hagamos una idea, hay científicos que están analizando ADN de neandertales. También es verdad que en ocasiones se habla de estas pruebas como algo infalible, pero, como todo análisis, tienen sus limitaciones, entre ellas la calidad del ADN y, en especial, la referencia. Para identificar un cadáver por una prueba de ADN o para una prueba de paternidad, necesitamos tener a alguien con quien comparar; si no, poco podremos hacer. No obstante, a pesar de estos inconvenientes, sus aplicaciones son múltiples y cada día se desarrollan más.

## Y ESTO DEL ADN, ¿QUÉ ES?

Para entender cómo funciona la genética forense hay que remontarse al siglo XIX y meterse en un monasterio. Un monje agustino, Gregor Mendel, dedicado a hacer experimentos con guisantes en el pequeño huerto de su abadía en Brno (en la actual República Checa), había descubierto que los caracteres genéticos se heredan independientemente. Es decir, que nada impide que puedas tener el pelo igual que tu madre y los ojos igual que tu padre, o viceversa. Por otra parte, Charles Darwin y Alfred Rusel Wallace habían descubierto casi a la vez que las especies no son fijas, sino que van cambiando y unas dan lugar a otras, idea que fue recibida con escepticismo si no con indignación en muchas partes del mundo. Sin ir más lejos, un icono de la cultura popular española, el Anís del Mono, ¿os acordáis de la etiqueta con un mono de rasgos humanos? La etiqueta era una caricatura del mismo Darwin como un mono burlándose de su teoría. El propio Mendel leyó la obra de Darwin en su segunda edición en alemán y dejó interesantes anotaciones al margen.

Mientras eso pasaba, en Basilea un injustamente desconocido Friedrich Miescher descubrió una molécula que se acumulaba en las vendas manchadas con el pus de los heridos de la guerra francoprusiana. Como esas moléculas estaban en el núcleo de la célula, se las llamó ácidos nucleicos.

Después descubrimos cómo se replica el ADN y que transmite la información genética. Y finalmente, para completar la información, James D. Watson, Francis Crick y Maurice Wilkins —con los datos de la nunca suficientemente valorada Rosalind Franklin— desvelaron que el ADN, donde se almacena la información genética, es una larga cadena formada por dos hebras que se orientan de forma antiparalela, es decir, cada una mirando en un sentido (para entendernos, el 69 es la disposición antiparalela de una misma grafía... ¡He dicho «grafía», a ver en qué estabais pensando!).

A efectos prácticos, toda la información necesaria para hacer una bacteria, un cangrejo, un eucalipto o un cuñado que lee prensa conservadora está codificada en el ADN. De la misma manera que podemos decir que el lenguaje escrito es una cadena de información formada por la combinación de las letras del alfabeto y los signos de puntuación que se combinan para formar palabras, podemos simplificar diciendo que el ADN está formado por un alfabeto de cuatro letras diferentes que se combinan para formar palabras que siempre tienen tres letras. Estas letras son unas moléculas llamadas adenina, timina, guanina o citosina, las famosas cuatro bases del ADN. Las bases nitrogenadas se orientan hacia el interior de la cadena y se enfrentan y enlazan con las bases de la otra cadena, pero siempre de la misma manera, una adenina con una timina y una guanina con una citosina. Cuando hablamos de secuenciar una molécula de ADN, nos referimos a leer el ADN como si fuera un texto escrito con cuatro letras (A, C, G y T). Por cierto, en un capítulo de la alocada (en cuanto a sus guiones) serie *Expediente X* se ponían todos muy nerviosos ante un erlenmeyer —un tipo de frasco de vidrio que se utiliza en el laboratorio— que contenía un líquido verde de origen alienígena (el contenido, no el frasco) porque el ADN de ese fluido asqueroso contenía una quinta base. Desde luego el guionista se lució. Si hemos dicho que en el ADN cada oveja va con su pareja, una quinta base no tendría con quién aparearse y la molécula sería inviable. Podría haberlo solucionado de forma más o menos honrosa diciendo que tenía una quinta y una sexta base y que el código genético no era humano. Se ve que el presupuesto no les llegaba para un asesor medianamente competente.

Dejamos a Mulder y Scully buscando alienígenas (me da que no los van a encontrar, más tiempo lleva Iker Jiménez y lo único extraterrestre que ha salido en su programa es su peinado). ¿Por qué tiene tanta importancia el ADN en la investigación criminal? En el núcleo de todas y cada una de nuestras células existen dos copias de toda la información genética (bueno, hay alguna excepción, como los glóbulos rojos maduros que pierden el núcleo). Por eso las pruebas de ADN se pueden hacer a partir de muchos y diferentes tipos de fluidos biológicos, puesto que prácticamente en cualquier cosa que toques, escupas o te suenes, o en la ropa sucia que vas dejando por ahí, repartes tu ADN cual obispo esparciendo agua bendita con el hisopo. Cuando Locard dijo aquello de que «todo contacto deja una traza», no imaginaba que esta podía ser tan precisa como un genoma entero. Por cierto, ¿cómo cabe toda la información genética en algo tan pequeño como el núcleo de una célula? Pues como cuando haces una maleta para volar en una compañía aérea *low cost*, enrollando y plegando. Y todo esto, bien apretujado, forma unas estructuras visibles en un microscopio óptico a las que llamamos cromosomas. El número de cromosomas es propio de cada especie, desde uno a varios cientos. Además, tenemos dos copias de cada cromosoma, por lo que tenemos veintitrés pares de cromosomas. Esto lo descubrió Joe Hin Tijo, un investigador nacido en Java pero que trabajaba en Zaragoza, aunque lo hizo durante una estancia de verano en Suecia. Las células germinales (espermatozoides u óvulos) solo tienen una copia de cada cromosoma y así, cuando se forma un embrión, hereda una copia de los cromosomas de la madre y otra del padre. A toda la información genética que tiene un organismo, contenida en los cromosomas, la llamamos genoma, o más concretamente genoma nuclear ya que existe otro que veremos más adelante.

En lo de los óvulos y los espermatozoides hay una diferencia fundamental. Los cromosomas se pueden clasificar en cromosomas sexuales, que son solo una pareja pero determinan el sexo del individuo (si será macho o hembra), y los veintidós restantes, que llamamos autosomas. En los óvulos el cromosoma sexual siempre será X. En cambio, en los espermatozoides pueden tener el cromosoma sexual X o bien el Y. Si el espermatozoide que fecunda es un X, tendremos una nena; si es un Y, la abuela hará los patuquitos azules. ¿Esto qué implica?

Que el cromosoma Y se transfiere de padre a hijo, nieto, etcétera, y además, en la mayoría de los países, el apellido que se transmite es el paterno (España y muy pocos países son la honrosa excepción a que la mujer no pierda el apellido al casarse, algo que es norma en prácticamente todo el mundo). Esto quiere decir que, dentro de una misma familia, todos los que tengan el mismo primer apellido tendrán el mismo cromosoma Y (suponiendo que no haya adopciones, cambios de apellidos o noches locas camufladas de paternidades mal atribuidas). Esto también tiene su utilidad en la ciencia forense.

Bueno, ya tenemos empaquetado el ADN, pero ¿cómo codifica la información? El código genético es un idioma con palabras de tres letras, llamadas codones. Cada codón codifica la información que en algún momento se puede copiar en otra molécula, llamada ARN, y que luego se traducirá en una proteína. Ya he dicho antes que en el momento de la concepción el nuevo ciudadano recibe una copia de los cromosomas de la madre y otra de los del padre. Esto significa que recibe una copia de los genes del padre y otra de la madre, porque en la secuencia del ADN contenida en los cromosomas se encuentran los genes. Si los dos genes son idénticos, diremos que para ese carácter es homozigoto; si son diferentes, será heterozigoto. Por tanto, en un análisis genético de paternidad, los genes o el ADN de un individuo deben coincidir con el del padre o el de la madre... si no, algo falla.

El ADN es una prueba muy valiosa que nos permite individualizar una muestra, es decir, asignarla inequívocamente a una única persona. Veamos cómo se consigue esto. Si leyéramos (secuenciáramos, si usamos el término técnico) el ADN de dos personas diferentes no emparentadas entre sí, por ejemplo, el de un aborigen australiano y un esquimal, veríamos que el 99,9 por ciento es igual. Lógico, ¿no? Todos tenemos dos piernas, dos brazos, un hígado, una cabeza, etcétera. Si compartimos un mismo diseño, las instrucciones serán muy parecidas. La tasa de mutación es bastante baja, por lo que las partes no codificantes también se parecerán bastante. Hay zonas del genoma donde un cambio produciría que el organismo fuera inviable, de manera que el embrión fecundado directamente no avanzaría o, en caso de que lo hiciera, tendría alguna enfermedad genética que impediría su desarrollo. Por el contrario, hay otras zonas donde una modificación puede determinar un cambio de un carácter (diferente color de piel o de ojos) o, simplemente, nada. Es decir, que dé igual que una persona tenga una secuencia en una zona y que otra persona posea una diferente. Dos hermanos gemelos tendrán el cien por cien del genoma idéntico, tanto las partes fijas como las que no lo son. Un progenitor y un hijo tendrán el cincuenta por ciento de las zonas variables iguales, mientras que el otro cincuenta por ciento del hijo será del otro progenitor. A medida que nos separamos en la familia, más se va diferenciando, y si volvemos a nuestros amigos el esquimal y el aborigen australiano las zonas variables serán muy diferentes. Y ahí entra la ciencia forense. Las partes variables del genoma sirven para individualizar una muestra. Se puede hacer de diferentes maneras. Para entenderlo en números: dos personas diferentes comparten el 99,9 por ciento de la secuencia de ADN; si existen aproximadamente tres mil millones de pares de bases, eso implica que tres millones de pares de bases pueden variar entre dos humanos diferentes. Estas serán las que nos sirvan para identificar quién dejó su ADN en la escena del crimen.

El cambio más sencillo es el polimorfismo de nucleótido simple o SNP. Para entendernos, el SNP es una localización del genoma donde puede que haya una A, una G, una C o una T. Y, de hecho, las primeras pruebas del genoma se hicieron basándose en esta evidencia, descubierta por A. R. Wyman y R. White en 1980. Y la técnica utilizada fue el polimorfismo de fragmentos de restricción (RFLP, por sus iniciales en inglés) descubierto por Alec Jeffreys en 1985, que aprovechaba la tecnología de hibridación del ADN desarrollada por Edwin Southern. Según este método, los cambios en los SNP pueden producir que el ADN se corte de forma diferente en diferentes personas. En el momento en que aparece un patrón de corte que no tienen el padre o la madre, la paternidad se cuestiona y se mira al butanero. A este patrón de bandas de ADN que servía para identificar personas se le llamó *DNA fingerprinting* o huella dactilar de ADN.

Curiosamente, la primera aplicación de esta técnica no fue para solucionar una demanda de paternidad o un crimen violento, sino para solucionar un problema de inmigración por sugerencia de Susan Miles, esposa de Alec Jeffreys. Esa primera prueba de ADN se realizó en 1985 y estuvo relacionada con un caso centrado en un chico de Ghana, residente en Gran Bretaña con su madre y hermanos, que fue a su país natal para visitar a su padre. A la vuelta, las autoridades británicas lo acusaron de haber falsificado su pasaporte. El abogado de la familia sugirió utilizar la técnica de Jeffreys para demostrar que realmente tenía lazos de sangre con su madre y hermanos. Y así fue.

El éxito de la nueva técnica hizo que la policía se fijara en su potencial para identificar criminales. Y la oportunidad no se hizo esperar. En cualquier libro encontraréis que el primer criminal condenado por una prueba de ADN fue Colin Pitchfork, aunque la historia fue un poco rocambolesca y la afirmación es cierta a medias. En noviembre de 1983 apareció muerta y estrangulada la joven Lynda Mann, en Enderby, Gran Bretaña. En julio de 1986, cerca de donde apareció el primer cuerpo se encontró el cadáver de Dawn Ashworth, en unas circunstancias que hacían pensar que ambos crímenes eran obra del mismo autor. La investigación policial llevó hasta un trabajador de diecisiete años de un hospital mental, Richard Buckland, quien después de un interrogatorio admitió conocer a una de las víctimas pero no recordar haberla matado. La policía solicitó hacer la prueba de ADN a las muestras de semen encontradas en los dos cadáveres y se demostró que el sospechoso era inocente. Por tanto, la primera vez que se hizo la prueba en un caso criminal sirvió para exonerar a un falso culpable. El inspector David Baker, de la policía de Leicestershire, decidió solucionarlo a la brava. Solicitó muestras de sangre de todos los hombres de entre diecisiete y treinta y cinco años de edad en los tres pueblos más cercanos a la escena del crimen, lo que hacía un total de cuatro mil quinientos ensayos. No obstante, el grupo sanguíneo permitió descartar el noventa por ciento de las muestras, por lo que solo se analizaron cuatrocientas cincuenta muestras durante enero de 1987... y todas salieron negativas. La investigación pareció haber llegado a un callejón sin salida. Hasta agosto, cuando una mujer denunció que había escuchado una conversación en el pub local en la que el trabajador de la panadería local Ian Kelly se jactaba de haber falseado la investigación dando sangre en nombre de Colin Pitchfork. La razón de hacerlo fue que Colin tenía antecedentes y le preocupaba que la policía lo detuviese por alguna causa pendiente, de modo que Ian falsificó su pasaporte y se hizo pasar por Colin. La policía detuvo a Pitchfork, que confesó los crímenes. Por tanto, la detención se hizo por medio de una confesión, no gracias a la prueba de ADN. Esta se realizó de todas maneras para confirmar la culpabilidad. Mientras redacto este libro, Pitchfork sigue cumpliendo condena, aunque podría obtener la libertad condicional en cualquier momento.

Esta prueba original tiene varias limitaciones. Para empezar, hay que partir de bastante cantidad de ADN y en bastante buen estado, por lo que en muestras antiguas no es útil. Después está el problema de que el protocolo se basa en una transferencia y una hibridación. En la película española *Gordos* (Daniel Sánchez Arévalo, 2009), la hija del policía científico interpretado por Fernando Albizu hace una prueba de paternidad en la cocina de su casa y menciona que ha utilizado el horno, por lo que tiene que ser un RFLP ya que hay un paso que precisa temperatura alta. El problema es que para detectar el ADN se utilizan generalmente moléculas marcadas radiactivamente, un pequeño detalle que no mencionan en la película y que dificulta hacerlo en la cocina, ya que no es algo que se compre en una droguería (existen métodos no radiactivos, pero, por mi experiencia, funcionan bastante peor). El método es trabajoso y largo.

No obstante, una revolución fue aprovechada por la ciencia forense. Vino a cargo de una idea genial del científico Kary Mullis, aficionado al surf y a las drogas psicodélicas. Según contó él mismo, yendo en coche a su cabaña del bosque tuvo una idea que cambiaría el mundo. En otra ocasión, en esa misma cabaña, vio a un extraterrestre con la forma de un mapache fluorescente. No sé si el mapache lo vio de verdad o fue un efecto de lo que había consumido —aunque aseguró que ese día no había consumido nada—, pero es cierto que su idea fue revolucionaria. El ADN se replica de manera semiconservativa, es decir, una hebra sirve de molde a la otra. Para entendernos, imaginemos que el ADN es un 69. Cuando se replica el ADN, el 6 y el 9 se separan de modo que a partir del 6 se copia un 9 y viceversa. Si tú pones en un tubo de ensayo (normalmente en biología molecular utilizamos unos tubos de plástico llamados eppendorff) un poco de ADN, las enzimas y los reactivos necesarios (A, T, C y G sueltas, sin unirse a nada), la reacción se producirá sola y copiarás la hebra de ADN. El problema es que, una vez copiada, se quedan unidas. Pero ¿qué pasa si aumentas la temperatura hasta casi los 100 °C? El calor hace que el ADN se separe y, cuando las enzimas y los reactivos vuelvan a encontrarse, se hará otra copia de la cadena. Así, haciendo ciclos de subida y bajada de la temperatura, empiezas con dos hebras y luego obtienes cuatro, ocho... Partes de muy poca muestra y acabas teniendo mucha. Esto es la reacción en cadena de la polimerasa o PCR.

Un pequeño problema es que los enzimas (las proteínas necesarias para que la reacción se lleve a cabo) son muy delicados y, al hervir la muestra, se degradan y la reacción se detiene, pero esto se solventó utilizando enzimas que proceden de organismos extremófilos, es decir, que viven en condiciones extremas. En este caso, provenían de *Thermofilus aquaticus*, una bacteria que vive en los géiseres del parque nacional de Yellowstone (al noroeste de Estados Unidos) a temperaturas de 80-90 °C. La reacción de PCR es el pan nuestro de cada día en cualquier laboratorio de genética o de biología molecular, con miles de aplicaciones, desde análisis de alimentos a ciencia básica, agricultura y ganadería. En cualquier laboratorio suele haber uno o dos termocicladores —aparatos que puedes programar, a determinada temperatura y tiempo, para que vayan haciendo ciclos— y siempre hay que hacer cola. Por supuesto, Mullis no tenía ningún interés en la ciencia forense, pero para eso estaba Jeffreys.

La mayoría de los descubrimientos o técnicas en medicina llevan el nombre de su descubridor, pero eso es bastante infrecuente en otros campos de la ciencia. Si Mullis hubiera sido médico en vez de biólogo, posiblemente ahora la PCR se llamaría amplificación de Mullis. Hay muy pocos descubrimientos bioquímicos con nombre propio. El ciclo de Krebs —apellido de Hans Adolf Krebs—, el de Calvin —aunque a Melvin Calvin lo ayudaron Andrew Benson y J. Bassham— y poco más. Lo mismo pasa con los elementos químicos, pues ninguno ha sido nombrado en honor a su descubridor, aunque hay una excepción un poco tramposa. El galio se llama así en honor a Francia —la Galia romana—, eso dicen, aunque su descubridor fue Paul Émile (o François, que de las dos formas se hizo llamar) Lecoq de Boisbaudran, cuyo primer apellido en francés significa «el gallo», en latín *gallium*. Una extraña coincidencia.

Lo de los SNP que cambian sitios de corte está bien, pero es limitado. Solo distingue entre dos posibilidades (cortar o no cortar), que representan cuatro variables (un nucleótido corta, tres no). Con tan pocas posibilidades, puede haber gente que dé perfiles parecidos sin estar emparentados. Esto se solventa mirando en muchos sitios diferentes, así las posibilidades disminuyen exponencialmente. Existe otra zona hipervariable que son las STR, o *short tandem repeats*, donde lo que cambia es el número de veces que se repite el patrón. Aquí no tenemos dos opciones (corta o no corta), sino múltiples (diez, once, doce, trece, catorce repeticiones), lo que dispara la capacidad de individualizar una muestra puesto que hay muchas más posibilidades, normalmente entre siete y catorce, en cada caso, por lo que es muy difícil que se den coincidencias por azar. Además, esto se hace por PCR amplificando STR concretas, de modo que podemos partir de muy poca muestra. Con solo 250 picogramos de ADN —o sea, 0,000000000250 gramos— se puede realizar una prueba, es decir, simplemente con las pocas células que quedan en un vaso después de haber bebido, por ejemplo. Otra ventaja es que la PCR se puede automatizar y el análisis de los resultados también, por lo que resulta sencilla y barata. Actualmente el análisis de STR es la prueba genética estándar para identificación de personas, paternidades, etcétera.

Para hacer esta prueba se hace lo que se denomina un Multiplex-PCR, esto es, en una misma reacción se amplifican diferentes marcadores determinados. Si el individuo tiene STR con siete, ocho o nueve copias, el fragmento amplificado tendrá una longitud diferente; luego, se separa por tamaño y el aparato nos da una lectura en forma de gráfica en la que vemos diferentes picos. Si es una prueba de paternidad en la que tenemos a la madre o al padre candidato, los picos del hijo tienen que coincidir con los suyos. Si se trata de identificar a un cadáver y tenemos material genético del candidato (obtenidos de un peine, un cepillo de dientes o ropa interior sucia, por ejemplo), los picos han de ser iguales. Estos son los casos más simples. Si tenemos que hacer identificaciones a partir de familiares lejanos o casos de paternidades en los que falta uno de los cónyuges, la cosa se complica.

Entre los éxitos tempranos de las pruebas de ADN hay que destacar la identificación de víctimas de fosas comunes en Bosnia-Herzegovina. Uno de los grupos pioneros fue el de

Daniel Corach, en Argentina, que utilizó con éxito la técnica para identificar a las víctimas de atentados múltiples —como el de la embajada de Israel en Buenos Aires en 1992—, la cual se extendió más tarde a víctimas de accidentes aéreos o a las fosas comunes de desaparecidos durante la dictadura.

En muchas películas de ficción hemos visto como se cambiaba un cadáver por otro, por ejemplo en *La noche de los cristales rotos* (Wolfgang Petersen, 1991), con Tom Berenger y Bob Hoskins, en la española *Los sin nombre* (Jaume Balagueró, 1999) o incluso en el capítulo final de *House* (octava temporada, 2012), donde el protagonista finge su muerte cambiando la ficha dental. Yendo al extremo, en *Cara a cara* (John Woo, 1997) John Travolta y Nicolas Cage intercambian sus caras, algo que, incluso de ser posible, no colaría. Desde que existen las pruebas genéticas, dar un cambiazo se complica ya que ante la menor duda el forense puede solicitar una prueba de ADN, que se realiza a partir de material del cadáver que hay en la sala de autopsias y no por identificación de testigos o por algo a lo que se puede dar el cambiazo como una ficha dental (todo sea dicho, algo nada fácil). Aunque para metedura de pata gorda, el argumento del cuento de Jorge Luis Borges «Emma Zunz». En el relato, publicado en la recopilación *El Aleph* en 1949, la protagonista quiere vengar la acusación injusta que han hecho a su padre y ha provocado su suicidio. Para conseguirlo, mantiene relaciones sexuales en plan bestia con un marino al azar y luego va a la fábrica donde se encuentra el que acusó a su padre y le pega tres tiros alegando defensa propia después de haber sido violada. Hoy, un simple análisis de ADN hubiera visto que el semen o los pelos púbicos del supuesto agresor no coincidían con los que aparecían en el cuerpo de Emma. Al margen de que una violación deja una serie de lesiones características en la víctima y el agresor que ninguno de los dos presentaría.

## Fiabilidad, controles y cuestiones éticas de las pruebas de ADN

En la actualidad casi todas las pruebas genéticas se hacen por PCR, que tiene la ventaja de ser fácil, barata y hacerse de forma prácticamente automática. Otra ventaja de la PCR es que, al amplificar la muestra, puedes partir de muy poco material de partida, pero eso es a su vez también un problema, porque este es tan sensible que las contaminaciones son frecuentes si no se llevan los controles adecuados. Mis alumnos hacen una práctica en el laboratorio de genética forense de la Ciudad de la Justicia de Valencia (qué majos sois, Manolo y Mercedes, por dejarnos). Lo primero que les digo cuando entramos en el laboratorio es: «No toquéis nada o acabaréis condenados por asesinato o violación o pagando una pensión de manutención a un chaval que no conocéis de nada». Canela fina como estrategia docente. Todos con las manos en los bolsillos y cara de susto. Puede parecer exagerado, pero no lo es. En el caso de Asunta Basterra, el asesinato de una niña de doce años en Santiago de Compostela, se encontró una mancha de semen en la camiseta de la víctima que resultó ser de un aprendiz de panadero de Madrid. El imputado, sin embargo, pudo acreditar que el día de los hechos estaba en Madrid y no en Santiago. El mismo laboratorio estaba procesando una muestra suya procedente de un preservativo que él entregó personalmente a la policía ya que después de una fiesta había sido acusado de violación. Su muestra contaminó la de Asunta, posiblemente por haber utilizado las mismas tijeras y no haberlas limpiado de manera correcta, y eso fue suficiente para imputarle, aunque luego admitieron el error.[1] Normalmente los controles en un laboratorio de genética forense son estrictos, entre ellos, el del perfil genético de todo el personal. Si una

1. <http://ccaa.elpais.com/ccaa/2014/04/02/galicia/1396439330_868597.html>.

prueba coincide con el perfil genético del personal del laboratorio, se repite para confirmar que no hayan contaminado la muestra con su propio ADN.

La revolución del ADN en la ciencia forense permitió reabrir y reinvestigar casos pasados. En 1992 los abogados neoyorquinos Barry C. Sheck y Peter J. Neufeld pusieron en marcha la iniciativa Innocence Project, que pretendía reabrir casos antiguos que se habían procesado antes de que existieran las pruebas de ADN. A día de hoy, el proyecto ha liberado a trescientas personas erróneamente condenadas, de las cuales catorce estaban condenadas a muerte. Por cierto, y por muy estadounidenses que sean, en varios capítulos de *CSI* se ve cómo llegan con la muestra de ADN y en cuestión de uno o dos minutos el aparato da el resultado. Ya sea en Estados Unidos o en Lesotho, una prueba de ADN requiere tres o cuatro horas, ya que la amplificación se basa en diferentes ciclos a diferentes temperaturas, y cada uno de esos ciclos tiene un tiempo determinado que es imposible de acortar o la prueba no sale. Una PCR siempre requiere tiempo, aunque los guionistas de *CSI* se empeñen en lo contrario.

Las pruebas de ADN pueden complicarse por la aparición de mutaciones somáticas, que son aquellas que se producen después de la concepción. Durante el desarrollo embrionario se van formando todos los tejidos y órganos a partir de las diferentes capas embrionarias. Si en algún momento hay una mutación, esta se transmitirá a las células que se deriven de esa célula madre. Si además esa mutación se produce en alguno de los marcadores que se utilizan en la identificación forense, puede dar lugar a confusiones, ya que tendrá dos perfiles genéticos diferentes en función de dónde se saque la muestra de ADN. A esto se le llama mosaicismo genético. Andréi Chikatilo, el Carnicero de Rostov, el peor asesino en serie de la Unión Soviética y cuya historia ha sido llevada al cine en las películas *Ciudadano X* (Chris Gerolmo, 1995) y *El niño 44* (Daniel Espinosa, 2015), fue el autor de la violación, asesinato y actos caníbales en más de cincuenta niños y mujeres. La policía lo tenía cercado, pero lo liberó en varias ocasiones puesto que las muestras de semen en el lugar del crimen indicaban un grupo sanguíneo AB, mientras que su sangre era del grupo A. Realmente era el culpable, pero sufría mosaicismo genético y el grupo sanguíneo de su esperma no coincidía con el de su sangre. Algo raro, pero posible. Un caso más extremo es el de las quimeras, que se produce cuando en fases muy tempranas del desarrollo embrionario lo que iban a ser dos gemelos no idénticos se fusionan en un único embrión, por lo que tendremos diferentes células con diferentes genomas. Existe un caso real en que una madre perdió una disputa legal por la custodia de sus hijos y fue acusada de haberlos robado, hasta que nuevas pruebas demostraron que era un caso de quimerismo.[2] Algo tan sugerente y complicado no podía pasar desapercibido para los guionistas de series. El capítulo 23 de la cuarta temporada de *CSI lasVegas*, titulado «Líneas de sangre», y el segundo episodio de la tercera temporada de *House*, «Caín y Abel», hacen referencia a este fenómeno. El mosaicismo también puede ser inducido artificialmente, por ejemplo, alguien que haya sufrido un trasplante de médula tendrá un perfil genético en todas las células de la sangre que será igual que el del donante, mientras que en el resto de los tejidos de su cuerpo tendrá su perfil genético original.

2. Yu, N., Kruskall, M. S., Yunis, J. J., Knoll, J. H., Uhl, L., Alosco, S., Ohashi, M., Clavijo, O., Husain, Z., Yunis, Emilio J., Yunis, J. J. y Yunis, Edmond J., «Disputed maternity leading to identification of tetragametic chimerism». *The New England Journal of Medicine*, 346 (20), 2002, pp. 1545-1552.

Trabajar en un servicio de genética forense presenta, además, muchos dilemas éticos. Pensemos, por ejemplo, en la identificación de un cadáver hallado en un accidente. Los restos están muy deteriorados, por lo que el juez solicita muestras de sangre a los padres para confirmar la identidad. Resultado: el fallecido es hijo de su madre, pero no del que supuestamente es su padre. En cualquier servicio de genética forense, todos los años, se encuentran con algún caso similar.

Pero eso no es lo más grave. Para empezar, del informe que tú le envíes al juez dependerá la inocencia o culpabilidad de una persona, por lo que, como en todo, debes ser competente haciendo tu trabajo. Por desgracia, hay casos en los que no es así. Conviene tener en cuenta que la genética forense es una tecnología muy nueva. Colin Pitchfork, el primer inculpado por una prueba de ADN, sigue vivo en la cárcel; en cambio, Francisca Rojas, la primera inculpada de homicidio por una huella dactilar, murió hace casi cien años. En Estados Unidos la prueba de ADN se acepta desde 1990. La mayoría de los jueces y jurados la consideran la prueba definitiva, por lo que, como le decía el tío Ben a su sobrino Peter Parker/Spiderman, «un gran poder conlleva una gran responsabilidad». Los aciertos son mayoría y suceden todos los días, pero también hay errores. Entre los casos más flagrantes de error en un laboratorio de genética forense está el de Josiah Sutton y Gregory Adams, acusados de violación por un reconocimiento de la víctima. Las pruebas de ADN exoneraron a Adams, pero aparentemente probaron la culpabilidad de Sutton. El problema es que esto ocurrió en 1999 y los controles de calidad en genética forense no estaban tan desarrollados como ahora. Un grupo de periodistas hizo un reportaje sobre las numerosas quejas por los resultados del laboratorio de genética forense de Houston, responsable del análisis. Entre los fallos, la forma en la que presentaban los resultados. En el caso de Sutton habían calculado mal las probabilidades, de forma que hicieron creer al jurado que era culpable prácticamente con toda seguridad, pero la realidad era muy distinta. Una reevaluación de las muestras de Sutton reveló su inocencia. Finalmente, el laboratorio fue cerrado y reinaugurado siguiendo otros estándares de calidad. Por suerte, este caso es una excepción y no tenemos noticias de otros laboratorios de genética forense que se hayan tenido que cerrar por malas prácticas.

Hoy en día las pruebas genéticas se utilizan principalmente en tres situaciones: en criminalística, para el análisis de vestigios biológicos de interés criminal; en procesos de filiación, paternidad y maternidad, y en identificación de cadáveres y/o restos cadavéricos.

Además, según lo establecido por la Ley Orgánica 10/2007, tenemos una base de datos de identificadores de ADN en la que se recogen los perfiles genéticos de las muestras relacionadas con delitos. En España los laboratorios policiales de análisis de ADN están descentralizados, existiendo en ciudades como Madrid, Valencia, Barcelona, Sevilla y Granada, entre otras. Además, en virtud de lo firmado en el Tratado de Prüm (Schengen III), nuestro país se compromete a poner a disposición de los países firmantes del mismo —en aquel momento, solo Austria, Alemania, Bélgica, Francia, Luxemburgo, Holanda y España—, los perfiles genéticos procedentes de estudios realizados en nuestro país, pudiendo, de igual manera, tener acceso a las bases de datos de aquellos países. Por tanto, existe una base de datos genética en el ámbito europeo. En Estados Unidos el equivalente sería el CODIS, que recoge los perfiles genéticos tomados en ese país. Aunque hay una diferencia fundamental. En Estados Unidos la base de datos CODIS está estandarizada en función de trece marcadores, mientras que en Europa se valoran nueve marcadores más la amelogenina, un gen cuya copia en el cromosoma X es seis nucleótidos más corta que en el cromosoma Y, lo que permite en el mismo análisis identificar el sexo de la muestra. Solo siete de estos marcadores coinciden entre Europa y Estados Unidos.

## No todo el ADN está en los cromosomas

A menudo decimos que en cada una de nuestras células tenemos dos copias del genoma, aunque esto no es cierto del todo. En el interior de las células, pero fuera del núcleo, hay un orgánulo llamado mitocondria que viene a ser como la central energética de estas. Las mitocondrias tienen la particularidad de tener un ADN propio, como incialmente apuntó Torbjörn Caspersson en 1954 y diez años después confirmaron Nass y Schatz.

En cada mitocondria hay un número variable de copias de este genoma, y la cifra de mitocondrias cambia en función del tipo de célula. Puede llegar a haber entre doscientas cincuenta y mil mitocondrias por célula, y cada una puede tener hasta diez copias del genoma. Por tanto, en una célula tenemos dos copias del genoma nuclear y puede llegar a haber entre mil y diez mil copias del genoma mitocondrial, permitiéndonos muchas aplicaciones forenses. Al ser muy numeroso, en algunos casos el del núcleo está degradado, pero el de la mitocondria todavía es útil. Otra peculiaridad es que el ADN del núcleo procede del padre y de la madre, pero el mitocondrial solo de la madre y no se recombina ni se mezcla, por lo que en una familia, si seguimos el árbol genealógico hacia atrás de madre a madre, todos tendrán exactamente el mismo ADN mitocondrial (salvo mutaciones). Esta herencia matrilineal tiene muchas aplicaciones en la ciencia forense y en los estudios de historia o de arqueología. Al no recombinarse y codificar genes esenciales, el genoma mitocondrial es bastante estable. El estudio del ADN mitocondrial es especialmente útil cuando hay que establecer la maternidad, en la identificación de restos humanos, los casos criminales difíciles en los que las pruebas convencionales de ADN han fallado y la identificación de razas humanas, ya que existen secuencias mitocondriales distintivas de todas ellas.

En general, todos tenemos el mismo genoma mitocondrial

en todas las células, pero hay excepciones. Dado que el ADN de la mitocondria se duplica, y además lo hace a su rollo, independientemente de cuándo se duplica la célula, puede aparecer una mutación que se mantenga, de modo que coexistan dos genomas mitocondriales diferentes. Este fenómeno, que llamamos heteroplasmia, se ha dado en algunos casos históricos, como el que cuento al final del capítulo.

Otra aplicación del ADN mitocondrial es la identificación de muestras de origen animal. Esto tiene mucho interés porque en el escenario de un crimen pueden encontrarse restos de pelo de animales domésticos, que pueden proceder de la víctima o del agresor y tener valor probatorio. También es interesante, por ejemplo, para identificar a perros implicados en ataques o en accidentes. En general, para determinar si una muestra es humana o animal se utilizan anticuerpos. Para determinar de qué especie se trata, se hace un análisis del citocromo b, que es una secuencia muy conservada de un gen pero con variaciones propias de cada especie, y para identificar a un animal en concreto, dentro de la misma especie, se utilizan las regiones hipervariables del ADN mitocondrial. Por cierto, en los perros hay bastante variación en el genoma mitocondrial, tanto entre especies como dentro de cada una de ellas, lo cual hace pensar que, cuando se domesticaron a partir del lobo gris, se hizo a partir de una población muy diversa, y que recientemente ha habido cruces con perros o lobos salvajes que han aumentado la variabilidad genética. Esta variabilidad genética nos viene muy bien para identificar los pelos de perro encontrados en la escena de un crimen.

Gracias a los análisis de ADN mitocondrial hemos podido solucionar muchos casos criminales y también históricos. Uno de los primeros casos en los que se utilizaron las pruebas de ADN fue el de Martin Bormann, el número dos de Hitler. Pudo analizarse su ADN mitocondrial comparándolo con el de una prima por línea materna, y los resultados confirmaron que los restos encontrados en 1972 en Berlín Occidental eran suyos y que no había huido. También se utilizó esta técnica para averiguar la identidad de un aviador estadounidense fallecido en la guerra de Vietnam, cuyos restos fueron devueltos a su país natal en 1984. A pesar de que una identificación inicial basada en sus huesos determinó que su identidad era la del teniente Michael Blassie, el ejército no le dio valor a esta identificación y sus restos fueron utilizados con todos los honores en el panteón del soldado desconocido del cementerio de Arlington. No obstante, quedaban bastantes dudas de que fuera tan desconocido como se suponía. En 1993 y gracias al ADN mitocondrial se pudo establecer una identificación positiva respecto a su madre y dos de sus hermanas. Lo más curioso es que esto no le hizo gracia al ejército, que le había concedido la medalla de honor siendo soldado desconocido, pero que no se la transfirió a Michael Blessie una vez fue identificado.

En ocasiones los casos son muy complejos y hay que utilizar varias técnicas a la vez, como en el caso de las identidades de los guerrilleros que iban junto a Che Guevara. El boliviano Chapaco fue identificado por métodos antropológicos, los de los cubanos Moro y Tuma a través del ADN nuclear y el peruano Eustaquio mediante el ADN mitocondrial por comparación con su hermano. El boliviano Pablito fue identificado por exclusión. El ADN mitocondrial también ha llegado al Salvaje Oeste. En 1995 se intentó hacer una identificación del legendario bandido Jesse James a partir de los restos enterrados en el cementerio Mount Olivet en Kearney, Nebraska, pero resultó infructuosa, puesto que el ADN se había degradado. Sin embargo, a partir de dos dientes y dos pelos recogidos en 1978 de la tumba original en la granja de James, se consiguió hacer una identificación positiva a partir de dos parientes maternos.

Hay casos mucho más historiados y nobles. En el caso del príncipe siciliano Branciforte Barresi, en Catania, pudo amplificarse el ADN mitocondrial y separar los huesos, ya que aparecieron enterrados los restos de cinco personas diferentes, presuntamente su hermano, dos de sus hijas y su nieto (eso sí que es aprovechar un nicho). No obstante, fue imposible establecer la identificación positiva por la negativa de sus descendientes.

## El cromosoma Y y la herencia patrilineal

Todos los hijos, sean chicos o chicas, heredan la mitocondria de su madre, mientras que hay algo que el padre da únicamente a sus hijos varones. Los cromosomas sexuales de cualquier chico constan de un cromosoma X y de otro Y. El cromosoma Y es una ridiculez de cromosoma, que parece un X roto, pero es el que determina el sexo masculino. Además tiene otra particularidad. Durante el proceso de formación de los óvulos o los espermatozoides se producen recombinaciones entre las parejas de cromosomas. A efectos prácticos: tú heredas un juego de cromosomas de papá y otro de mamá, pero los que heredarán tus hijos no serán los del abuelo tal cual los recibiste tú, sino una mezcla de cada uno. Como si los hubieras barajado y vuelto a separar. Esto complica mucho hacer genealogías por la facilidad que tiene el ADN para mezclarse, pero, no obstante, ya hemos visto que la línea de madre a madre sí se puede seguir porque el ADN mitocondrial no se recombina y se mantiene igual. Pues lo mismo ocurre con el cromosoma Y. Salvo unas partes muy pequeñas en los extremos que sí se recombinan, el resto se hereda como un bloque al igual que el ADN mitocondrial, sin cruzarse con nada. Por tanto, de la misma forma que decimos que todos los genomas mitocondriales vienen de uno original, de la Eva mitocondrial, podemos hablar de un Adán Y, a partir del cual vienen todos los cromosomas Y que tenemos los que compartimos el cuarto de baño más sucio y con menos cola en los bares y estaciones.

Se está investigando el cromosoma Y para conocer el destino de la colonia perdida de Roanoke. Esta colonia, el primer intento de asentamiento inglés en Norteamérica, se estableció en la actual Carolina del Norte en 1587. Una vez asentados, el gobernador John White volvió a Inglaterra. Cuando regresó a Roanoke en 1590, lo único que encontró fue la palabra «Croatoan» grabada en un árbol. A día de hoy no se sabe qué pasó. Pudieron tratar de regresar a Gran Bretaña y hundirse por el camino, ser exterminados por los nativos o, directamente, no fueron capaces de organizarse de forma viable y se unieron a los nativos americanos. Si lo que realmente pasó fue esto último, el cromosoma Y de los ingleses debe de permanecer en los actuales descendientes de aquellos amerindios. Existe un proyecto en marcha que rastrea, a través del ADN, esta posibilidad.[3]

El estudio del cromosoma Y es muy útil en casos de violación y de abuso sexual donde aparece mezclado el ADN de la víctima con el de la mujer, ya que será específico del hombre. Pero por otra parte, al tener tan poca variabilidad, tiene el problema de que resulta complicado individualizarlo, de modo que es útil para excluir a un sospechoso si el cromosoma Y es diferente, pero, en el caso de que sea el mismo, no sirve para confirmar la culpabilidad y habría que acudir a otro tipo de pruebas.

## Las estadísticas y la genética

Las pruebas genéticas son muy fiables, pero no infalibles. Uno de los principales problemas que encuentran los profe-

3. <https://www.familytreedna.com/groups/lost-colony-ydna/about/background>.

sionales de la genética forense es hacer comprensibles los resultados de sus análisis y, sobre todo, que delante de un juez o de un jurado, y ante las preguntas de un abogado o de un fiscal, pueda llegar a entenderse el resultado de un análisis. Las pruebas genéticas no dan un resultado de blanco o negro, sino que dan una probabilidad. Esta se calcula según el teorema de Bayes, que sirve, por ejemplo, para resolver problemas como este: «En una caja hay veinte bolas negras y ochenta blancas; si cogemos al azar una bola y es negra, ¿cuál es la probabilidad de que la próxima sea blanca?». Para hacer los cálculos del porcentaje de probabilidades de quc una persona sea el padre de otra, o simplemente familia, se utiliza la ecuación de Essen-Möller, propuesta en 1938 y basada en el teorema de Bayes. Esta ecuación calcula la probabilidad de que alguien sea el padre partiendo de que, *a priori*, hay tantas probabilidades de serlo como de no serlo, por lo que el resultado de los marcadores genéticos desviarán esa posibilidad hacia un lado u otro. Para ayudar a interpretar estos resultados, en 1981 Konrad Hummel describió los enunciados que llevan su apellido, que tratan de explicar los diferentes intervalos de probabilidad con las diferentes posibilidades, tratando, por una parte, de hacerlos comprensibles y, por otra, que con un mismo resultado se llegue a la misma conclusión, ya que podría darse el caso de que ante un mismo análisis un juez dijera sí y otro no. Hummel considera que, para considerar probada una paternidad, el valor obtenido debe ser igual o superior al 99,73 por ciento. Este criterio está aceptado internacionalmente en el ámbito de la jurisprudencia (en España, por una sentencia del Tribunal Supremo del 24 de noviembre de 1992).

Para entender esta parrafada, vamos a la práctica. Un niño tiene el grupo sanguíneo A. Si su madre tiene el grupo sanguíneo O y el presunto progenitor tiene el grupo B, sabemos que es imposible que sea el padre biológico, puesto que ninguno de los dos tiene el grupo A... y de alguna parte debe haber salido. Lo del Espíritu Santo ya no cuela, salvo que se dedique a repartir bombonas de butano.

Vamos a asumir que la madre es O y el niño y el padre son A, ¿podemos afirmar al cien por cien que es hijo suyo? Aquí habría que ver los valores de referencia de la población. Si resulta que, allí donde viven, el noventa por ciento de la gente es del grupo A, tiene las mismas posibilidades de ser el padre tanto el que se hace el análisis como el noventa por ciento del pueblo. ¿Cómo se soluciona eso? Analizando más marcadores. Cuantas más coincidencias aparezcan con los del hijo, y en el caso de que no aparezcan exclusiones, más seguro se estará de que es el padre. Por tanto, aquí tenemos tres factores: la genética del hijo, la del padre y la de la población donde viven, que marca cuán extraordinario es un marcador genético respecto del entorno. Este hecho debe tenerse muy en cuenta, porque no considerar los valores de referencia adecuados puede ocasionar errores. Por ejemplo, una prueba de paternidad dentro de una comunidad cerrada con gran endogamia (como muchas comunidades religiosas o numerosos pueblos pequeños y aislados), y en la que se tomen como referencia los valores generales del país o de la región. En esta ocasión, minusvaloramos que en el entorno hay poca variabilidad genética y podemos hacer un cálculo al alza de las posibilidades, que nos llevará a dar por buena una paternidad que realmente no lo es. Otro problema que puede inducir a error se da en los casos de supuesto incesto, donde el padre biológico es un familiar cercano de la madre. Hay que tener en cuenta que las ecuaciones de Essen-Möller y Hummel aparecieron antes de la PCR y las STR, por lo que están pensadas para marcadores genéticos no tan concretos y con tanta variabilidad como este último. Y también conviene recordar que el caso más fácil es el de una paternidad en el que se conoce a la madre y se evalúa a un presunto padre. Pero este no es el único caso. Lo hemos vivido en España en el caso de los niños robados, donde la presunta paternidad se tiene que establecer a partir de los abuelos o los tíos, lo que complica el cálculo. En la identificación de víctimas de una catástrofe, en cambio, no hay ni un padre ni una madre seguros. Actualmente también se utiliza un refinamiento de esta idea, las fórmulas de Balding y de Budowle.[4] Para eso existe una disciplina dentro de la genética forense que son las matemáticas aplicadas.[5]

Veamos un caso real. En la prensa se han reflejado los casos de Albert Solà y de Ingrid Sartiau, que afirman ser hijos ilegítimos del hoy rey emérito Juan Carlos. Sin entrar a valorar sus historias, Solà afirma que se hizo una prueba a partir de material genético de su presunto padre y que el resultado fue superior al noventa por ciento de probabilidades. También se han hecho pruebas para ver si Ingrid y él son hermanos, y los resultados han sido de un noventa por ciento en una, de un treinta por ciento en otra y aún menos en la tercera.[6] Ante un juez, y según la jurisprudencia, el fallo sería que el rey no es su padre pues no llega al mínimo de valoración, el 99,73 por ciento, y que la atribución de que son hermanos también está por debajo de los niveles exigidos.

## La genética que viene

La genética forense es una disciplina muy reciente y, al contrario que otros campos, no ha tocado su techo, ni mucho menos. Mientras escribo estas líneas estoy oyendo por la radio la resolución del asesinato de Eva Blanco casi veinte años después de producirse. La joven fue violada y asesinada con veinte puñaladas en 1997. En un crimen sexual lo más normal es

4. Balding, D. J., «When can a DNA profile be regarded as unique?». *Science & Justice*, 39, 1999, pp. 257-260.

5. Carralero, J., *Matemáticas aplicadas a la genética forense*. Ministerio del Interior, Secretaría General Técnica, Madrid, 2006.

6. <http://www.publico.es/politica/belga-dice-hija-del-rey.html>.

mirar siempre en su entorno, por aquello de que «deseamos lo que vemos». Sin embargo, la investigación en su entorno cercano se demostró infructuosa, y esto puede significar que fue víctima de un asesino en serie o que su camino se cruzó con la persona menos indicada, en el momento menos indicado y en el lugar más inapropiado. Aquí se añadía un problema y es el hecho de que los delitos prescriben en veinte años, por lo que este delito estaba a punto de no poder ser perseguido, como ha pasado en otras ocasiones. En general, las pruebas de ADN consisten en cotejar la muestra del lugar del crimen con la muestra del sospechoso y ver si coincide o no. El problema es que en este caso no había sospechoso. Desde 1997 hasta aquí, la ciencia ha avanzado mucho. Ahora ya tenemos secuenciado el genoma humano, es decir, hemos leído todas las bases de una persona. Aunque no lo entendemos todo, podemos sacar más información a partir de una secuencia de ADN que la que obtenemos en un análisis corriente, donde el resultado es blanco o negro, es decir, coincide o no coincide. El análisis de ADN determinó el origen étnico del agresor, en este caso magrebí, lo que permitió hacer un análisis genético a todos los magrebíes de la zona donde se había producido la agresión, encontrándose un perfil que tenía un grado de similitud muy alto con el ADN del asesino de Eva Blanco, tanto como para ser el culpable o su hermano. Esto ha permitido identificar al presunto asesino, que había salido de España poco después de los hechos y tenía una vida nueva en Francia, muy cerca de la frontera de Suiza, con su esposa e hijos. Es una muy mala costumbre decir nombres y hacer acusaciones antes del juicio o de que haya una sentencia firme, recordemos los casos ya mencionados de Dolores Vázquez o de Diego P. en Canarias. Esperemos que el detenido tenga un juicio justo y que, en caso de probarse los hechos que se le imputan más allá de toda duda razonable, cumpla la condena. Lo que es importante destacar es que, gracias al uso de una nueva tecnología y al buen hacer de investigadores y científicos forenses, se ha podido llevar al sospechoso de un crimen horrendo ante el juez y aportar pruebas sólidas del delito cometido. Aunque en este caso el juicio nunca tendrá lugar, porque el sospechoso se ahorcó en su celda en enero de 2016.

Existen más pruebas basadas en el ADN que no son la «oficial» de las STR o la más antigua de la RFLP, aunque estas no están estandarizadas y posiblemente no serían admitidas en un juicio. Aun así, tienen muchísima utilidad en el campo de la investigación ya que algunas permiten hacer un análisis rápido de muchas muestras, u obtener información a partir de otras muy antiguas o demasiado degradadas. Por ejemplo, el análisis de heterodúplex de ADN que te permite ver de forma rápida si dos muestras diferentes pertenecen o no a la misma persona basándose en la capacidad del ADN de hibridar con su cadena complementaria.

Y ahora mismo se están desarrollando técnicas basadas en la utilización de chips de ADN. Un chip de ADN es una lámina de cierto material sobre la que se unen, por métodos químicos, determinadas secuencias de ADN. Si ponemos nuestra muestra en contacto con este chip y reacciona con el ADN que hay en él, el dispositivo emitirá una señal fácilmente detectable e interpretable con métodos electrónicos. Ahora imaginemos que en ese chip ponemos cientos o miles de SNP conocidos del genoma humano, y que la muestra es de un sospechoso. Con este método, que además no se basa, como el RFLP, en corta o no corta, leeríamos de cuál de las cuatro bases se trata, por lo que pasaríamos de dos a cuatro posibilidades. Estamos hablando de que, hoy en día, un análisis de ADN se hace a partir de entre diez y trece marcadores, mientras que el uso de estos chips nos permitirá utilizar cientos de marcadores en un mismo análisis, aumentando de forma exponencial la capacidad de discriminación de las pruebas genéticas.

Y, por último, existe una última frontera dentro de las pruebas genéticas: los gemelos idénticos. Existen varios casos en los que la prueba genética ha señalado a una persona, pero esta tenía un gemelo idéntico, por lo que ha sido imposible dilucidar cuál de los dos era el culpable. En ese caso prevalece la presunción de inocencia. Si se encuentra una huella dactilar el caso se puede resolver, porque incluso los gemelos idénticos tienen huellas dactilares diferentes, pero no siempre es así. Por ejemplo, en 2009 se acusó a un sospechoso de tráfico de drogas en Malasia, pero este tenía un hermano gemelo, por lo que la policía no tenía claro cuál era el culpable. El caso se resolvió porque un testigo en la descripción dijo que al sospechoso le faltaba un diente, como de hecho le pasaba a uno de los hermanos. No siempre se tiene esa suerte. En Marsella una serie de violaciones quedó sin castigo porque el perfil genético coincidía con dos gemelos idénticos. Existen pruebas de ADN capaces de discriminar entre dos gemelos, como el grado de metilación (una alteración en el ADN) o una secuencia completa del genoma. El problema es que esas técnicas hoy por hoy siguen siendo caras y muchas no están puestas al día para el uso forense, por lo que no serían admitidas en un juicio. No obstante, las técnicas de secuenciación masiva de ADN avanzan a pasos agigantados y cada día se abaratan más, por lo que en breve ni siquiera tener el código genético compartido te permitirá ser exonerado de un crimen.

En marzo de 2016, por una extraña carambola del destino, mis alumnos y yo tuvimos la fortuna de que Ángel Carracedo, una de las eminencias mundiales en genética forense, nos diera un seminario en el marco de la asignatura. El grupo de Ángel Carracedo ha participado en la resolución de casos como el de Eva Blanco y el de las niñas de Alcácer, entre otros muchos. Gracias a ello supimos de primera mano hacia dónde va la genética forense. Hoy en día, además del perfil racial, con una prueba de ADN se puede afinar el color de ojos y de pelo del sospechoso. Lo que ahora mismo están investigando es cómo determinar la hora de la muerte a partir del ADN estudiando el patrón de metilación (una modificación química del ADN que ocurre de forma natural en función de diferentes circunstancias) de diferentes genes, ya que se sabe que este patrón cambia según la hora del día. De esta manera, viendo cómo está metilado el ADN, podemos saber a qué hora murió la persona o a qué hora el criminal sangró o se dejó un pelo o un salivazo. Por lo tanto cada vez estamos más cerca de obtener el retrato robot del criminal y las circunstancias del crimen simplemente a partir de un resto biológico. Lo de delinquir cada vez está más complicado.

## Caso real: La familia Romanov

Si hay un caso histórico que aúne mitología, glamur y Hollywood, y que se haya podido resolver por una prueba de ADN, ese es el del destino de la familia imperial rusa, los Romanov. Este enigma se asemeja al de la Sábana Santa, solucionado gracias a una prueba científica (en este caso, la del carbono 14) que nos permitió saber que se trata de un lienzo medieval, lo cual coincide con las primeras referencias históricas, aunque hay gente que sigue empecinada en demostrar que proviene de la Palestina del siglo I. Gracias al ADN mitocondrial se ha hecho una identificación segura de los restos de los Romanov, pero siguen apareciendo «documentos oficiosos» que se empeñan en alargar una historia cerrada.

Aunque todo fue muy silenciado por la Unión Soviética durante años, hoy estamos bastante seguros de cuál fue el destino de la familia imperial. En la noche del 16 al 17 de julio de 1918, el zar Nicolás II, la zarina y sus cinco hijos, al igual que el médico del zar, tres de sus sirvientes y los perros, fueron asesinados en Ekaterimburgo, concretamente en el sótano de una casa confiscada a Nicolái Ipátiev, un hombre de negocios local. A la familia imperial se le dijo que iban a hacerles una fotografía para el registro, pero en realidad les dispararon. Las mujeres, salvo la zarina, no murieron porque entre los ropajes habían escondido las joyas y piedras preciosas que habían escamoteado antes de su detención y estas las protegieron de las balas. Esto no hizo más que alargar la agonía ya que fueron rematadas a bayonetazos y culatazos. El responsable fue Yákov Yurovski, el jefe de la checa de la ciudad, que encabezaba una cuadrilla de once hombres y recibía órdenes directamente desde Moscú.

El anuncio oficial se hizo en el periódico ruso *Uralski Rabotchi* del 23 de julio de 1918. Los testimonios de la época relatan que fallecieron todos, pero hubo rumores de que Anastasia había logrado escapar. También se alega que con posterioridad a la fecha de la ejecución hubo testimonios que aseguraban que Anastasia recibió tratamiento médico después de ser violada.

Los restos fueron quemados y enterrados en una fosa común en un lugar secreto. En 1991 se encontró la fosa, aunque se conocía su lugar desde 1979, pero fue silenciado por las autoridades soviéticas. Este hallazgo avivó la leyenda ya que solo se encontraron nueve cadáveres de los once ejecutados. Faltaban el de Anastasia y el del zarévich Alejandro.

Para identificar los restos hallados se hizo un análisis de ADN mitocondrial. La identidad del zar Nicolás II se confirmó por cotejo con el de Xenia Sfiris, una sobrina-biznieta del zar con la que compartía un antepasado materno común, la abuela del zar y a la vez tatarabuela de Xenia, Luisa de Hessen-Kassel (es una ventaja que la herencia del ADN mitocondrial sea de madre a hijos). El análisis fue bastante complicado ya que los restos del zar presentaban heteroplasmia, es decir, había dos poblaciones diferentes de ADN mitocondriales. Sin embargo, una de las poblaciones coincidía con la descendiente por vía materna, por lo que se pudo confirmar la identidad.

Por supuesto el linaje materno del zar no sirve para averiguar la identidad de los hijos, ya que no comparten el ADN mitocondrial con su padre, y hay que buscar la línea materna. La identidad de la zarina y de sus hijos se confirmó al cotejarlo con el ADN mitocondrial del príncipe Felipe de Edimburgo, el marido de Isabel II de Inglaterra, que es sobrino nieto de la zarina Alejandra. ¿Qué pasó con Alejandro y con Anastasia? Bueno, los científicos rusos atribuyeron parte de los huesos a Anastasia y los enterraron en una tumba con su nombre, con el desacuerdo de los científicos americanos participantes, que dudaban de la identificación. La Unión Soviética, y luego Rusia, siempre ha querido acallar esta historia para evitar núcleos de oposición en el entorno zarista. Que los cuerpos se hubieran quemado por completo sin dejar restos es improbable, a pesar de ser más jóvenes, porque todo el proceso se realizó atropelladamente. En el informe el propio Yurovski indicó que, para confundir a los zaristas en caso de que encontraran la tumba, cogieron dos cadáveres y los enterraron en una tumba apartada. Esta versión nunca se acabó de considerar hasta que en agosto de 2007 se hizo público el hallazgo de una tumba con los restos de Anastasia y Alejandro, cuya identidad fue confirmada con un análisis de ADN mitocondrial, y de este modo se puso fin a las especulaciones sobre si habían sobrevivido.

El hecho de que desde 1918 hasta 2007 no hubiera seguridad sobre cuál fue el destino de la familia Romanov permitió que se disparara la especulación, más o menos interesada. Se han contabilizado hasta diez personas que alegaron ser la princesa Anastasia y haber escapado, pero la más famosa de todas ellas es Anna Anderson. Fue rescatada en 1920 en un puente de Berlín cuando estaba a punto de suicidarse y recluida sin identificación en una institución mental. Dos años después, Anna aseguró ser la gran duquesa Anastasia, hecho que fue apoyado por algunos familiares de los Romanov. El juicio que debía determinar si realmente era Anastasia Romanov sigue siendo, todavía hoy, el más largo de la historia de Alemania, ya que se inició en 1938 y fue oficialmente cerrado en 1970, cuando la demanda se desestimó por falta de pruebas. Detrás de todo esto se encerraba un interés económico ya que, de haberse dado por buena su supuesta identidad, Anastasia tendría derecho a su herencia legítima. Conviene recordar que, en enero de 1917, Nicolás II depositó en Inglaterra a su nombre cuatro toneladas y media de oro. Si las osamentas de Ekaterimburgo son realmente las de los Romanov, no habrá que buscar heredero directo, y el famoso tesoro corresponderá a Gran Bretaña.

Este juicio ha servido de inspiración para películas como *Anastasia* (Anatole Litvak, 1956), con Ingrid Bergman interpretando un papel inspirado en Anna Anderson, aunque la trama la sitúa en París y no en Berlín, y Yul Brinner como un general ruso que la descubre y trata de utilizarla para cobrar la herencia que le corresponde. Esta película tuvo una versión de animación dirigida por Don Bluth en 1997. Al ver fracasar sus aspiraciones dinásticas, la auténtica Anna Anderson emigró a Estados Unidos, donde se casó y falleció en 1984. No obstante, la llegada del ADN también sirvió para resolver su historia. En 1994 se comparó su ADN mitocondrial con el del príncipe Felipe de Edimburgo y se llegó a la conclusión de que no guardaba ninguna relación con la familia imperial rusa. Una posterior investigación reveló que Anna Anderson era en realidad Franziska Schanzkowska, de origen polaco, trabajadora en una fábrica de Berlín y desaparecida oficialmente en esas fechas. Aquejada de algún trastorno mental, sufrió un ataque de amnesia y asumió como propia la historia de la princesa Anastasia. La comparación de su ADN con el de Carl Maucher, un sobrino por línea materna, acabó de confirmar su identidad y su origen en Polonia. De la misma forma que hay gente que se trastorna y asume una personalidad que no es la suya, ya sea Napoleón, el demonio o el Papa Luna —como Joan Monleón en la película *Con el culo al aire* (Carles Mira, 1980)—, Anna (o, mejor dicho, Franziska) posiblemente tenía un trastorno mental y luego se rodeó de buitres que querían aprovechar su historia para darle un zarpazo a la herencia, por lo cual lo más probable es que ella fuera una víctima más en toda esta historia. Anna Anderson fue la más famosa de las aspirantes a ser Anastasia, pero no la única. En esta historia también aparecieron un presunto zarévich, llamado Vassili Filatov y muerto en 1988, y varias Anastasias, como Nadezhda Ivánovna Vasílieva y Eugenia Smith. Incluso dos jóvenes que afirmaban ser Anastasia y su hermana María fueron encontradas vagando por los montes Urales y acogidas por un sacerdote. Vivieron como monjas y murieron en 1964, enterradas con los nombres de Anastasia y María Nikoláyevna.

La historia parece rara, pero el mundo de los trastornos mentales es complejo. En la comisaría de Cádiz apareció hace unos años alguien vestido de marino que fue encontrado vagando desorientado por la calle. Su relato era que estaba en Perú y que debía embarcarse al día siguiente, pero que no sabía en qué país estaba ni dónde, y que además, al verse en el espejo, se veía muy viejo y no se reconocía. Al preguntarle en qué año estaban, dijo que en 1962, en una fecha concreta de noviembre. Por suerte el caso no cayó en manos de ningún investigador de lo paranormal, si no ya tendríamos casos de viajeros en el tiempo o la leyenda de Rip van Winkle (que estuvo dormido veinte años) en todos los programas de «misterio». Al día siguiente, una mujer entró en la comisaría para denunciar la desaparición de su marido. La mujer reconoció al sujeto y, cuando los policías le contaron lo sucedido, contestó con gracia gaditana: «Sí, es que cuando se le cruza el cable dice que está en el año 62, pero se le pasa pronto».

## Capítulo 6

# TOXICOLOGÍA FORENSE. NO TE FÍES DE UNA BOTELLITA EN LA QUE PONE «BÉBEME»

Las drogas y venenos son los príncipes destronados en los asesinatos. Hace varios siglos eran la forma más habitual de asesinar a alguien, dado que muchos de ellos podían disimular sus efectos como producto de una enfermedad. Además, para su uso no se requería fuerza física ni mancharse las manos de sangre, y ejercían su acción aunque no estuvieras presente. Podías matar a alguien limpiamente solo con unos polvitos incoloros e inodoros o con un extracto de hierbas del campo. Dado que los métodos diagnósticos y de análisis de la época estaban muy distantes de los actuales, en muchos casos era fácil salir impune. Hoy en día, con los métodos de análisis químico existente y la experiencia acumulada sobre venenos, es muy difícil que un envenenamiento intencionado pase inadvertido. Sin embargo, los venenos o los fármacos mal utilizados siguen causando millones de muertes cada año, debido a que son una de las formas preferidas de suicidarse, al margen de que muchos de ellos son sustancias que pueden producir la muerte por sobredosis o por los efectos secundarios de su uso.

En un suicidio la gente suele utilizar lo que tiene más a mano, lo que le es familiar, y ponerse cómodo. En la ciudad la forma más común de suicidarse es atiborrarse de fármacos como somníferos o calmantes, o incluso de aspirinas o paracetamol. Otra forma muy típica es por monóxido de carbono, con los gases del tubo de escape del coche. En el campo, en cambio, la gente suele suicidarse con la escopeta de caza o con herbicidas o insecticidas. Lo de ponerse cómodo no es baladí, ya que este ha sido un factor determinante para averiguar que algunos presuntos suicidios no eran tales. El caso paradigmático es el de Roberto Calvi, el principal implicado en el caso del Banco Ambrosiano que inspira la trama de *El Padrino III* (Francis Ford Coppola, 1990). El Banco Ambrosiano gestionaba el dinero del Vaticano. Se descubrió que había un agujero de más de mil millones de dólares y que altos cargos de la Iglesia como el cardenal Paul Marcinkus estaban implicados en la trama. Roberto Calvi, el presidente del banco, desapareció y su secretaria se suicidó tirándose por la ventana del despacho, pero dejando una nota acusatoria contra Calvi. Días después, el 19 de junio de 1982, se encontró a Calvi colgado debajo del puente de Blackfriars, en Londres. La primera conclusión apuntaba a suicidio, pero una investigación posterior solicitada por la familia lo descartó. Para empezar, estaba alojado en un lujoso hotel en la otra punta de Londres, así que lo lógico es que se hubiera suicidado allí, con sobredosis o tirándose por la ventana. Se consultó con todos los taxistas y conductores de autobuses de Londres y nadie lo había visto desplazarse por la ciudad. También tenía piedras en los bolsillos como si pensara tirarse al río, pero estaba ahorcado... sin tener el cuello roto cuando es frecuente que se fracture en el proceso de ahorcamiento. Uno de los hallazgos más significativos fue que el puente estaba en obras y el día en que apareció su cadáver había un andamio recién pintado. Si Calvi hubiera escalado el andamio, hubieran quedado restos de pintura, que no aparecieron. Además, tenía las maletas hechas, como si estuviera listo para irse. Esto es similar a la trama de *Algunos hombres buenos* (Rob Steiner, 1992) en la que se trata de camuflar un asesinato como suicidio, y una de las pistas es que tenía las maletas hechas. Nadie hace las maletas si va a suicidarse. El crimen de Roberto Calvi sigue sin resolverse; el de *Algunos hombres buenos* fue culpa de Jack Nicholson que ordenó un código rojo.

El tema de los suicidios es algo que en medicina forense está muy estudiado para poder descartar un asesinato camuflado. Normalmente se distinguen tres tipos: suicidio por balance global, es decir, alguien que no se encuentra a gusto con la vida que lleva y decide quitársela; suicidio en cortocircuito, cuando una situación puntual lleva a una persona a matarse por un impulso; suicidio como consecuencia de una enfermedad mental, por ejemplo, una depresión o una paranoia. Respecto a las notas de suicidio hay de todo tipo, desde las que dan información del estado económico para que la familia pueda hacer los trámites administrativos, hasta los que confiesan algún secreto oculto o los que la dejan en casa y dicen en ella dónde van a suicidarse para que rescaten el cadáver. En España hubo un caso en el que el suicida escenificó un intento de asesinato atándose las manos con unas esposas, tragándose la llave y asfixiándose con una bolsa de plástico. Esta forma tan truculenta de suicidarse es la misma que aparece en la película *La vida de David Gale* (Alan Parker, 2003).

## La delgada línea roja entre fármaco y veneno

Muchas sustancias utilizadas como veneno tienen otros usos y solo resultan letales en determinadas dosis. Consideramos veneno cualquier sustancia que, introducida en el cuerpo o al formarse dentro de él, destruye la vida o afecta a la salud. Hay que tener en cuenta que, como dijo Paracelso en el siglo XVI, la dosis hace un veneno, y cualquier sustancia, consumida en exceso, puede llegar a ajustarse a esta definición. Por ejemplo, el agua. Beber siete litros de agua es letal. Los casos de envenenamiento por exceso de agua son infrecuentes, pero existen. Por ejemplo, en Sacramento, Estados Unidos, Jennifer Strange falleció durante un concurso organizado por una emisora de radio que consistía en beber y aguantar la orina para ganar una videoconsola.

## Breve historia de la toxicología forense

Como muchos aspectos de la ciencia forense, el estudio de los venenos y, sobre todo, de su detección es muy reciente. El padre de la toxicología moderna es el menorquín (concretamente de Mahón) afincado en Francia, Mateo José Buenaventura Orfila y Rotger. El arsénico era hasta el siglo XIX el rey de los venenos, dado que era fácil de conseguir, inodoro, insípido y con solo 0,25 gramos se puede matar a una persona. De hecho se le conocía como «el polvo de la herencia», pero gracias a Mateo Orfila y al método de James Marsh, acabó su reinado. Hasta esa época los métodos para detectar arsénico eran poco fiables y se basaban en la formación de precipitados con determinadas sustancias, pero dado que el veneno solía encontrarse mezclado con comida o bebida, el método fallaba más que las previsiones del FMI (las escopetas de feria son armamento de precisión al lado de los pronósticos de crecimiento del Fondo Monetario Internacional). El otro método en uso, que se remontaba a tiempos del Imperio romano, era dar a probar la comida a algún animal y ver si moría. En la antigua Roma se tenía a un esclavo cuya misión era probar todos los platos que iba a comer el señor antes que este, para detectar la presencia de venenos. De hecho, la séptima acepción de la palabra «salva» según el *DRAE* es: «f. Prueba que hacía de la comida y bebida la persona encargada de servirla a los reyes y grandes señores, para asegurar que no había en ellas ponzoña». Orfila se dio cuenta de que no existía ningún tratado sistemático que catalogara los venenos, así que en 1813 publicó su *Traité des poisons*, que fue el primer intento de recopilar todas las sustancias tóxicas conocidas, sus síntomas y efectos en el cuerpo. Ese libro está considerado el inicio de la toxicología moderna y Orfila, su fundador.

No obstante, Orfila no fue quien consiguió destronar al arsénico del trono de los venenos, sino el químico británico James Marsh, un antiguo asistente de Michael Faraday, uno de los físicos más brillantes de la historia. Marsh fue llamado a testificar en el caso contra John Bodle, acusado de envenenar a su propio abuelo (¿entendéis ahora lo de «el polvo de las herencias»?). Hasta ese momento el método usado era el «espejo de arsénico» desarrollado por el alemán Johann Metzger, que consistía en calentar una mezcla y hacer que los vapores de arsénico se depositaran en una superficie fría. El arsénico obtenido de esta forma produce una pátina brillante, de ahí el nombre. Esta técnica no funciona directamente en el contenido estomacal, por lo que había que modificarla tal como describió Valentin Rose. El problema de estos métodos es que no servían para cantidades pequeñas, dado que una gran parte del arsénico se pierde en forma de vapor y el resultado se degrada con el tiempo. De hecho, Bodle salió libre porque la prueba de Marsh detectó cantidades irrisorias de arsénico y se degradaron antes de llegar al juicio, por lo que el jurado no creyó que fueran relevantes. Años después, Bodle confesó el crimen cuando ya vivía fuera del país. Marsh desarrolló otro método con ácido sulfúrico y zinc, que se basaba en utilizar una campana de vidrio cerrada, y consiguió aumentar la sensibilidad hasta los 0,02 mg. Además, el resultado quedaba sellado y era estable. Orfila utilizó la prueba de Marsh en 1840 cuando fue llamado a declarar en el juicio de Marie Lafarge (de soltera Cappelle), una joven viuda de veinticuatro años de edad sobre la que recaía una acusación de haber asesinado a su marido. Una de sus criadas la acusó de haberla visto añadiendo un polvo blanco a la comida de su marido, y se habían encontrado cantidades de arsénico en la comida. Sin embargo, ella alegó que lo utilizaba como matarratas. Ninguno de los peritos judiciales había logrado encontrar restos en el estómago de la víctima. Orfila había publicado recientemente que el arsénico del suelo podía contaminar el cadáver, por lo que la defensa de Marie Lafarge solicitó su presencia con la intención de que atestiguara que el veneno encontrado en el cuerpo provenía del enterramiento y no era la causa de la muerte. Este fue el primer caso en la historia judicial francesa en el que se solicitó la presencia de un científico como experto. No obstante, Orfila aplicó la revolucionaria técnica de Marsh y fue capaz de descubrir arsénico en el estómago de la víctima, por lo que Marie fue definitivamente condenada. Este juicio tuvo amplia trascendencia en toda Europa, y en los años siguientes muchos países dictaron leyes para regular la venta de arsénico; en Gran Bretaña, por ejemplo, en 1851 se aprobó la *Poison Act* que establecía que los drogueros solo podían vender arsénico a alguien conocido personalmente y que debían llevar un registro por escrito de a quién se lo habían vendido.

En Italia el nombre popular de las envenenadoras es *toffana* y se llama *acqua toffana* al veneno. La tradición se remonta a las envenenadoras de Sicilia, destacando entre ellas una anciana, la señora Teofania d'Adamo, *la gnura Tuffana*, que dio nombre a las que le siguieron. Normalmente utilizaban un compuesto de jugos de hierbas (todo natural y ecológico) que no era detectado por los médicos y que vendían a quien estuviera interesado. Su clientela eran sobre todo mujeres que querían deshacerse de sus maridos o personas que tenían prisa en heredar. La primera de las tofanas fue ejecutada en Palermo en 1633, aunque muchas de sus seguidoras corrieron mejor suerte. La composición del agua tofana sigue siendo desconocida. Según los testimonios de la época, se trataba de un líquido transparente e insípido. Posiblemente entre los ingredientes estuvieran el arsénico y una planta venenosa, la cimbalaria (*Linaria cymbalaria*).

Orfila dejó, además de su legado personal, un valioso legado humano, ya que muchos de sus discípulos fueron a su vez eminentes toxicólogos. En 1836 Alfred Swaine Taylor publicó los *Elementos de jurisprudencia médica*, el primer libro de texto sobre toxicología. Otro discípulo de Orfila, Jean-Servais Stas, pudo resolver un problema que trajo de cabeza a su maestro: la detección de alcaloides y opiáceos, es decir, de aquellos venenos derivados de las plantas que tienen el problema de degradarse muy rápido en el estómago. Stas descubrió que el éter no se mezcla con el agua (o con el contenido estomacal), pero es capaz de arrastrar dichas sustancias porque se disuelven mejor en él, lo que permite concentrarlas. En un juicio celebrado en 1850 en Bélgica, Stas fue capaz de demostrar que Gustave Fougnies había sido envenenado por su hermana y su cuñado con nicotina que ellos mismos habían obtenido de la planta del tabaco. En España también hemos tenido crímenes famosos que tenían que ver con veneno. El más mediático, sin duda, fue el de Pilar Prades Expósito Santamaría, la envenenadora de Valencia, una asistenta que asesinó a Adela Pascual Camps con la esperanza de casarse con el marido. En televisión fue magistralmente interpretada por Terele Pávez en un episodio de la serie *La huella del crimen* (1985). Su caso es especialmente significativo por ser la última mujer condenada a muerte en España. La ejecución de su condena tuvo lugar el 19 de mayo de 1959 y fue bastante accidentada, ya que la leyenda dice que el verdugo Antonio López Sierra no quería finiquitar a la mujer y tuvo que atiborrarse de tranquilizantes. Esta anécdota inspiró la película *El verdugo* (Luis García Berlanga, 1963), con guion de Rafael Azcona.

La anécdota que dice que Antonio López Sierra no quería ejecutar a una mujer es bastante dudosa puesto que el 16 de febrero de 1954, también en Valencia, había ejecutado a otra mujer, Teresa Gómez Rubio, bajo el cargo de tres asesinatos cometidos entre 1940 y 1941.

El tan alabado saber popular también tiene su parte oscura y es que, tradicionalmente, ciertas plantas se han utilizado no por sus propiedades curativas, sino para elaborar potentes venenos. No hemos de olvidar que en la naturaleza muchas plantas, después de millones de años de evolución, acumulan moléculas muy tóxicas que les permiten, entre otras cosas, defenderse de los depredadores. Estas moléculas, utilizadas fuera de su contexto natural, pueden ser potentes venenos. Si pensamos en un veneno ecológico y natural la primera que nos viene a la cabeza es seguramente la cicuta, que tiene un papel protagonista en la historia del pensamiento occidental ya que fue el veneno que obligaron a tomar a Sócrates, que nunca dejó nada escrito, pero cuyo pensamiento les cundió a Aristóteles y a Platón para, entre otras cosas, llenar los libros de texto de bachillerato durante los siguientes milenios. El extracto de cicuta (*Conium malacatum*) contiene una sustancia llamada coniina que es capaz de bloquear la interacción entre los nervios y los músculos. De esta manera los músculos se vuelven sordos a las órdenes del cerebro y dejan de contraerse cuando este lo manda. La muerte se produce por asfixia ya que para respirar necesitamos que los músculos del tórax hagan de fuelle. La acción es parecida al curare que los indios del Amazonas utilizaban para emponzoñar las flechas y así paralizar a sus víctimas. Una muerte bastante horrible porque, durante todo el proceso, eres consciente de que tratas de respirar y no puedes y la agonía se puede alargar varios minutos.

Sin embargo la cicuta no es la planta más tóxica que se puede encontrar en Europa, ese honor le corresponde al *Aconitum napellus* o acónito. Tradicionalmente se usaba en forma de cataplasmas como analgésico de uso local, pero el problema es que debido a su elevada toxicidad a veces quitaba el dolor para toda la eternidad. Su función analgésica se explica porque inactiva todas las células de la zona, incluidas las que transmiten la señal del dolor. Pero claro, si las células dejan de funcionar... te mueres. De forma parecida funciona un veneno muy potente de origen animal, la tetrodotoxina, que se encuentra en el pez globo, o *fugu* en japonés, además de en el pulpo de anillos azules —el de la película de James Bond *Octopussy* (John Glen, 1983)— y en las ranas flecha del Amazonas. Se supone que la carne de este pez es exquisita, pero en Japón el cocinero requiere una titulación especial para prepararlo y el emperador tiene prohibido su consumo, y aun así se dan casos de envenenamiento. La gracia es dejar una mínima cantidad de toxina ya que produce un cosquilleo en la lengua y los labios que, se supone, es el *summum* de la experiencia culinaria. Una de las ilustres víctimas del *fugu* fue el actor de teatro kabuki Bando Mitsugoro VIII, que alegó que era resistente a la toxina y pidió hígado de *fugu*. Resultó ser que no. Como diría el torero Rafael el Gallo, «es que en *toas* partes hay gente *pa' to*». La tetrodotoxina también es una parte del polvo zombie, que en Haití se utilizaba para envenenar a la gente e inducirle una especie de catalepsia y luego utilizarlos como esclavos. Al contrario que la aconitina, la tetrodotoxina cierra estos canales en vez de abrirlos, pero el resultado es el mismo ya que impide el normal funcionamiento de las células.

Otro de los venenos clásicos se extrae de una planta con un nombre muy evocador. La *Atropa belladonna*, popularmente conocida como belladona. En italiano, *belladonna* significa «hermosa mujer» y el nombre le viene porque en el Renacimiento las mujeres utilizaban el extracto de estas plantas para ponérselo en los ojos y dilatar las pupilas, y se suponía que esto las hacía guapas. Ahora quizá nos parezca una tontería, pero no es muy diferente de inyectarse uno de los venenos más potentes que existen, la toxina botulínica, comercialmente llamada *Botox*, para borrar las patas de gallo. La belladona tiene un principio activo, la atropina, que inhibe un receptor específico de un neurotransmisor llamado acetilcolina y esto provoca los efectos tóxicos.

El tomate, la patata y la berenjena pertenecen a una de las familias de plantas que más veneno son capaces de acumular. Las variedades silvestres siguen siendo muy tóxicas. Si quieres saber lo que es la comida natural de verdad, prueba con un tomate no cultivado, pero no te lo recomiendo. A pesar de que hemos seleccionado variedades que no acumulan compuestos tóxicos como la solanina, estos vegetales no pueden olvidar del todo su pasado salvaje y muchos siguen acumulando estos compuestos antes de madurar. Así que ni se te ocurra comerte un tomate o una patata verde, y en todo caso, como dice la película, solo los tomates verdes fritos. El calor degrada la mayoría de los compuestos tóxicos.[7]

A medio camino entre los venenos vegetales y los minerales está el cianuro, ya que se puede obtener por las dos vías. Muchas plantas, sobre todo en las semillas verdes, acumulan un compuesto llamado amigdalina, un azúcar que al entrar en contacto con el ácido del estómago produce cianuro. Entre estas plantas se encuentran las almendras, las castañas y el hueso de los melocotones o de los albaricoques. El cianuro inhibe el sistema que produce el trifosfato de adenosina (o ATP, por sus siglas en inglés), en las mitocondrias, y lo más llamativo es que impide que este utilice el oxígeno que lleva la hemoglobina, por lo cual te mueres por asfixia ya que el oxígeno no se transforma. Como toda la sangre está oxigenada, el envenenamiento por cianuro se detecta porque el cuerpo adquiere un color rojo cereza.

Tradicionalmente, para envenenar a alguien no solo hacía falta saber de plantas, también venían bien unos conceptos de química o geología, puesto que muchos venenos son de origen

7. <http://lacienciadeamara.blogspot.com.es/2015/10/tomates-verdes-mejor-fritos.html>.

mineral. El que a todos nos suena es el arsénico, del que hemos hablado anteriormente puesto que fue el primer veneno contra el que se desarrollaron métodos específicos de análisis por ser el más utilizado. De hecho, en la Italia de los Borgia o los Médicis era el veneno favorito. Su toxicidad se debe a que se parece a una molécula esencial para la vida, el fosfato, y la sustituye inactivando muchos enzimas.

La película *Arsénico por compasión* (Frank Capra, 1944) recrea una situación en la que unas venerables ancianitas envenenaban a todos los mendigos que acudían pidiendo limosna a su puerta para evitarles sufrimientos. En ocasiones el envenenamiento se integra como parte de la sociedad o se quiere hacer ver como justicia social, aunque no lo sea. Es el caso de la húngara Julia Fazekas, comadrona de la pequeña localidad de Nagyrév, un pueblo agrícola de la región de Tiszazug, a 150 km al sudeste de Budapest. Durante la Primera Guerra Mundial los maridos se marcharon al frente y cerca del pueblo se instaló un campo de refugiados aliado, en el que los prisioneros tenían cierta libertad de movimientos. Como era de esperar, muchos acabaron intimando con las nativas. Acabada la guerra volvieron los maridos, lo cual no hizo mucha gracia a algunas de las esposas que habían encontrado mejor acomodo. A partir de aquí arranca lo que podía considerarse la versión macabra de *Lisístrata*, la comedia de Aristófanes. En la obra griega las mujeres deciden hacer una huelga de sexo para presionar a sus maridos; aquí, en cambio, la sociedad de mujeres del pueblo fue responsable de uno de los casos más graves de asesinato colectivo y continuado que se conoce. Julia, con la ayuda de Zsuzsanna Oláh, popularmente conocida como Tía Susi, se dedicaron a vender a todas las mujeres que querían solucionar algún problema familiar el arsénico que obtenían a partir de las tiras de matarratas que compraban en Budapest. Desde 1914 hasta 1929 se produjo un número indeterminado de crímenes, que según las fuentes pudo ser de entre cincuenta y trescientos. ¿Cómo no se dieron cuenta? Se unieron dos factores, por una parte lo remoto y aislado de la zona, y por otro que el encargado de los certificados de defunción era familiar de Julia Fazekas y participaba de la trama, por lo que cambiaba los motivos de la muerte. Tengamos en cuenta que en el pueblo la máxima autoridad sanitaria era la propia Julia, quien ejercía de comadrona ya que no había médico. Como pasa en estos casos, al saberse impunes, las mujeres del pueblo empezaron a abusar del método y a administrarlo sobre cualquiera que les cayera mal, llegándose a dar casos de mujeres que eliminaron a cinco o seis personas de su familia simplemente porque les molestaban. Al final una denuncia anónima (otras fuentes dicen que el hallazgo de un cadáver flotando en el río al que se le encontraron dosis elevadas de arsénico) hizo que se llevara a cabo una investigación y se descubriera la trama. El resultado fue que Tía Susi y su hermana fueron ahorcadas, y doce personas más sufrieron penas de prisión. Julia Fazekas se suicidó, exactamente como estás pensando. Con arsénico.

El antimonio tiene efectos similares al arsénico, aunque no es tan famoso por ser más complicado de conseguir. Durante mucho tiempo tuvo uso médico, hasta su declaración como veneno en 1866. A día de hoy todavía aparece referenciado en el tratamiento de infecciones por parásitos graves como la leishmaniasis. Antiguamente se recetaba muy alegremente y se sospecha que una de las causas de la muerte de Mozart pudo ser un tratamiento con antimonio prescrito por el médico. Lo que cuenta la película *Amadeus* (Milos Forman, 1984) no cuadra realmente con la historia. Ni Salieri ni ninguna logia masónica acabaron con el genio. Todo se basa en que el músico italiano admitió en su lecho de muerte que había asesinado a Mozart, pero dado que la cabeza de Salieri se había ido de este mundo antes que el propio Salieri, no parece que sea otra cosa que un delirio. Realmente, en la época que describe la película, Antonio Salieri y Wolfgang Amadeus Mozart apenas coincidieron. Los últimos estudios basados en los síntomas que iba describiendo en su correspondencia indican que la muerte de Mozart fue por causas naturales y se debió a una afección renal, que pudo haber sido empeorada por el antimonio.[8]

## Caso real: Hitler y Eva Braun, cianuro para la historia

Pocos personajes han sido tan infames como Adolf Hitler, cuyo ascenso fue tan fulgurante como catastrófica la caída del Tercer Reich. Al final de todo, apenas quedó nada del derrotado Führer: poco más que un trozo de cráneo en Moscú y numerosas leyendas que situaban a Hitler después de la guerra en varios lugares del mundo. Pero ni las historias ni el trozo de calavera son reales.

Estamos en Berlín, en los últimos días de abril de 1945. Los soviéticos han cercado la ciudad por el norte y por el sur a partir del río Oder. Los ejércitos de Wenck y Steiner tratan de resistir mientras Hitler se refugia en el búnker de la Cancillería con su núcleo más cercano.

La película *El hundimiento* (Oliver Hirschbiegel, 2004), en la que el actor Bruno Ganz interpreta a Hitler, trata de recrear fielmente estos hechos, aunque es más conocida por los numerosos *clips* que circulan en YouTube con el doblaje cambiado para hacer chistes sobre cualquier circunstancia. La escena famosa en la que Hitler grita sobre el mapa se supone

8. Hatzinger, M., Hatzinger, J. y Sohn, M., «Wolfgang Amadeus Mozart: the death of a genius». *Acta Medico-Historica Adriatica*, 11(1), 2013, pp. 149-158.

que sucede en el búnker el 22 de abril, cuando sufre una crisis de nervios por las malas noticias. En ese momento permite que quien no esté con él abandone la Cancillería. A partir de ese día, a su lado solo permanece el núcleo duro.

En el búnker permanecen tres mujeres: Traudl Junge (1920-2002), la última secretaria de Hitler y quien redactó su testamento; Gerda Christian (1915-1997), la anterior secretaria, casada con el chófer personal del Führer; y Eva Braun, amante de Hitler, al que conoció en 1929. Además hay cinco hombres: Otto Günsche (1917-2003), ayudante de campo de Hitler; Heinz Linge (1913-1980), ayuda de cámara y jefe del servicio personal del Führer; Erick Kempa (1910-1975), el último chófer; Martin Bormann, jefe de la Cancillería nazi; y Werner Haase (1900-1950), médico de Hitler. Además, en el búnker se encontraban también Joseph y Magda Goebbels con sus seis hijos.

El 30 de abril, dos días después de haberse casado y con el Ejército Rojo a cien metros del búnker, Hitler decide suicidarse junto con Eva Braun. Ambos toman una cápsula de cianuro y él, además, se pega un tiro. De hecho, unos días antes, Hitler había sacrificado a su perra *Blondie* con cianuro para observar sus efectos. Sus cadáveres son enterrados aprovechando el agujero dejado por un obús soviético, y tratan de quemarlos, aunque debido a las prisas del momento tan solo lograron hacerlo superficialmente.

Ante esa situación la gente que permanecía en el búnker decide huir. (¿Habéis visto que he puesto entre paréntesis las fechas de nacimiento y muerte de algunos? Esos son los que huyeron.) Hubo muchos testigos de lo que pasó con los cuerpos y la mayoría sobrevivió a la guerra y al Tercer Reich, salvo Goebbels —que envenenó a sus seis hijos y a su esposa y luego se suicidó—, los generales Krebs y Burgdorf, que se suicidaron el día 2 de mayo, y Bormann. Del resto, algunos incluso llegaron al siglo XXI.

El 5 de mayo de 1945, la Smersh —el servicio de contraespionaje soviético— encuentra en una fosa común dos cuerpos carbonizados junto con dos perros, y en los alrededores los cadáveres de la familia Goebbels y los de los generales Krebs y Burgdorf. La identificación de los restos carbonizados de Hitler y Eva Braun fue hecha por Käthe Heusermann y Fritz Echtmann, asistente y técnico respectivamente de Hugo Blaschke, el dentista de la élite del Reich, que fueron capturados por los soviéticos. Reconocieron la operación que Blaschke había llevado a cabo en la dentadura de Hitler en octubre de 1944 para solucionar un puente infectado entre los dientes quinto y sexto que él mismo le había hecho en 1933. Se realiza una autopsia oficial por parte de los médicos soviéticos dirigida por F. I. Shkaravski, que es declarada material clasificado. Todos los restos son enterrados.

A pesar de la identificación de la mandíbula, en 1946 Stalin lanza la Operación Mito para esclarecer el fin de Hitler. Para eso cuenta con los testimonios de Linge y Günsche, presos de los soviéticos. Una nueva excavación en el búnker halla un trozo de hueso parietal con una herida de bala, que es enviado a Moscú y allí expuesto. Los restos carbonizados son enterrados y desenterrados varias veces en distintas localizaciones hasta que, finalmente, son depositados en Magdeburgo después de la división de Alemania. En 1970, por orden del jefe de la KGB, Yuri Andropov, y con el visto nuevo de Leónidas Breznev, secretario general del Partido Comunista soviético, los restos son pulverizados y arrojados al río Biderst. El historiador Antony Beevor sostiene que Stalin lanzó esta operación y sostuvo los rumores sobre la no identificación del cadáver de Hitler para crear tensión entre los Aliados, ya que en los primeros días después de la guerra algunas teorías sostenían que Hitler se encontraba en la zona controlada por los americanos y, así, la URSS levantaba suspicacias contra ellos. Realmente Stalin supo en todo momento dónde estaban los restos de Hitler y cómo fueron sus últimos días.

Junto a los soviéticos, el MI6 británico hace una investigación paralela, encargada al historiador Hugh Trevor-Roper, que en noviembre de 1945 anuncia que Hitler se suicidó en el búnker y que las numerosas teorías que empezaban a correr sobre un doble o la posible huida del caído Führer no tenían consistencia.

En 1992, después de la caída del Muro, se hace pública la Operación Mito y la investigación soviética sobre la muerte de Hitler. En 2009 se autoriza la realización de un estudio forense de los dos restos conservados, a cargo del arqueólogo Nick Bellantoni y de Linda Strausbaugh, Craig O'Connor y Heather Nelson, investigadores del Centro de Genética Aplicada de la Universidad de Connecticut. El resultado es que el cráneo pertenecía a una mujer de entre veinte y cuarenta años de edad. Por tanto, lo que se suponía que era el cráneo de Hitler, no era tal. Tampoco es el de Eva Braun, puesto que ella no se disparó. No tenemos ni idea de quién puede ser la dama cuyo hueso parietal estuvo expuesto en Moscú.

Lo único que tenemos de Hitler es una mandíbula que en su momento fue reconocida por los auxiliares de su dentista. ¿Pudo ser un montaje y haber huido? Este es el argumento de *El séptimo secreto* (1985), una novela de Irving Wallace, y de una teoría que mucha gente sostiene. Aunque hay varias versiones, se supone que Hitler huyó del búnker de la Cancillería y se refugió en Sudamérica. Por ejemplo, Gerrard Williams y Simon Dunstan, en su libro *Lobo Gris: La fuga de Hitler a la Argentina* (2000), sostienen que este falleció en el país austral en la década de 1960, y se basan en el testimonio del aviador Peter Baumgart, que aseguró haber sacado a Hitler de Berlín en los últimos días y haberlo llevado a Dinamarca. También existe otra teoría en la que la aviadora sería Hanna Reitsch. Otras hipótesis afirman que murió a los noventa y cinco años de edad, que pasó por España y, generalmente, sitúan su final en Argentina bajo la protección de Perón o en Paraguay con Stroessner. La mayoría de ellas aportan datos y testimonios de gente alejada de Hitler que asegura haberlo visto. Seamos serios. Perder una guerra mundial genera mucho estrés y, aunque hubiera escapado, Hitler no habría sobrevivido mucho tiempo. Por tanto se supone que, si logró escapar, habría muerto hace tiempo. ¿Dónde está el cadáver? Ninguna de estas teorías ha sido capaz de señalar una tumba y decir «ahí está Hitler», que sería la prueba definitiva. Recordad lo que pasó con Mengele: calavera en la mano, caso cerrado. Además, ninguno de los que vivió los últimos momentos de Hitler ha señalado nada diferente al suicidio, cremación fallida y enterramiento. Y son gente que sobrevivió hasta fechas muy recientes. Si alguno hubiera aportado datos y pruebas sobre la supuesta huida, habría muerto millonario gracias al pago por la exclusiva, pero ninguno de ellos ha hecho ni media declaración sobre una posible huida. Si tenemos en cuenta que, de hecho, lo que sabemos se basa en sus declaraciones, es difícil pensar que todos se hubieran conchabado para mantener el montaje más de sesenta años.

La prueba definitiva de su más que probable fallecimiento, al margen de la identificación de la mandíbula, la hubiera dado una prueba genética, pero tampoco se puede cotejar con el ADN de la familia. Hitler era hijo de Alois Hitler y Klara Pölzl. Cuatro de sus hermanos murieron en la infancia de garrotillo o sarampión; la única superviviente fue su hermana menor Paula, que murió sin descendencia. No obstante, su padre tuvo una esposa anterior, Franziska Matzleberge, con la que tuvo dos hijos, Angela y Alois. Este último tuvo a su vez un hijo, William Patrick, nacido en Liverpool en 1911. Durante el ascenso de los nazis, Willy volvió a Alemania, donde se convirtió en una figura molesta ya que trató de chantajear a Hitler con historias oscuras de su familia (la presunta bigamia del padre de Hitler y que su abuelo era en realidad un mercader judío). Cuando no se sintió seguro allí, emigró a Estados Unidos y durante la segunda guerra mundial sirvió en la Armada estadounidense. Tras dejar el ejército, se cambió el apellido por Stuart-Houston, se casó y tuvo cuatro hijos, uno de los cuales falleció en un accidente automovilístico en 1989. Los tres hijos restantes de William Patrick, sobrinos nietos de Hitler, siguen viviendo en Estados Unidos. Ninguno tiene descendencia y todos ellos se han negado a ceder material genético para ninguna prueba de ADN. De hecho no envidio su vida puesto que, al ser descendientes de Hitler por vía paterna y ser los tres chicos, comparten el cromosoma Y con Hitler. Su material genético es objeto de coleccionista y cuentan que hasta les roban los pañuelos usados. ¿Raro? Existe un escarabajo llamado *Anophthalmus hitleri* cuyo nombre le fue puesto por el coleccionista alemán Oscar Scheibel en honor a Hitler, y que los coleccionistas de objetos relacionados con este han llevado a su casi extinción.

Este bicho es una víctima de la historia, pero a veces hay otros que nos pueden contar una historia muy interesante y señalarnos al culpable.

## Capítulo 7

# BIOLOGÍA FORENSE. LOS BICHOS SON UNOS CHIVATOS

La vida, además de frágil, es compleja. Y de hecho es el producto de ir complicando cada vez más una idea básica. Empezando por los átomos, que se unen para formar moléculas como los lípidos, proteínas, azúcares o ADN y ARN. Estas moléculas forman orgánulos, que a su vez forman parte de las células, que formarán tejidos, que luego forman órganos y todo junto forma un organismo vivo. Algunos de estos organismos son personas, y un porcentaje muy bajo de estas personas es la gente que comete delitos. Y cuando la gente hace cosas que no debería hacer tiene la costumbre de tocarlo todo, de dejar manchas de semen, de sangre, o huellas de dedos o pisadas o incluso cadáveres que luego los bichos se comen. Por si fuera poco, no solo deja, sino que también se lleva. Un delincuente suele mancharse con fluido vaginal o sangre de la víctima (las violaciones de mujer a hombre son extremadamente infrecuentes), o llevarse en la ropa polen, hojas, semillas o pelos de animal. De modo que el estudio de las muestras de origen biológico, o de los organismos vivos relacionados con un crimen, es una parte importante de la ciencia forense y en numerosos casos ha ayudado a descifrar los crímenes.

Todo el mundo sabe que la sangre mancha. Al cincuenta por ciento de la humanidad no le hace falta cortarse, sino que la naturaleza se lo recuerda periódicamente. Uno de los rastros más evidentes de un crimen de sangre es precisamente los restos de la ídem. En *Macbeth*, lady Macbeth trata de lavarse las manos repetidamente para borrar las manchas de sangre que solo ella puede ver y que delatan el asesinato del rey Duncan. «*Out, damn'd spot! Out, I say!*» («¡Fuera, maldita mancha! ¡Fuera, te digo»), grita. El propio Macbeth, después del crimen, dice: «*Will all great Neptune's ocean wash this bloodclean from my hand?*» («¿Podrá todo el gran océano de Neptuno lavar esta sangre de mi mano?»). Y en otro pasaje, clama: «*It will have blood, they say. Blood will have blood*» («Ello reclama sangre, dicen. La sangre llama a la sangre»). Dicho de otra manera, Shakespeare tenía claro que la sangre mancha mogollón. Sin que se te vaya la olla como al personaje de la tragedia shakesperiana, las manchas de sangre son un problema para el criminal y una herramienta útil para el investigador. Un adulto contiene aproximadamente entre cuatro y cinco litros de sangre, que representa el ocho por ciento del peso del cuerpo, lo cual quiere decir que si la forma de matar a alguien implica la rotura de piel y vasos sanguíneos (apuñalamiento, disparo, golpe con objeto contundente), vas a montar un buen estropicio. Cualquiera que haya tenido un accidente doméstico con una garrafa de agua o aceite sabe que cinco litros esparcidos por el suelo requieren mucha fregona o agachar el lomo con el trapo y recoger mucho líquido. Pues con la sangre ocurre algo parecido, siempre deja huella. Por muy bien que limpies, siempre te vas a dejar alguna mancha delatora. Y además ahora, con las pruebas de ADN, ya no es como antes, cuando una mancha de sangre podía considerarse un indicio que sirviera para excluir pero no para probar la culpabilidad. Hoy en día ya se puede hallar ADN e individualizar la muestra. De hecho, el cine y la televisión nos han mostrado ejemplos de asesinos muy cuidadosos y que plastifican todo antes de cometer un asesinato, como en la serie *Dexter* —protagonizada por Michael C. Hall— o Christian Bale en *American Psycho* (Mary Harron, 2000).

Resumiendo mucho, podemos decir que la sangre consta de una parte líquida, que tiene una composición determinada, incluida la cantidad de sales y el pH, y de una serie de células que cumplen diferentes funciones: los glóbulos blancos se encargan de la defensa; los glóbulos rojos transportan oxígeno y $CO_2$, y las plaquetas se encargan de la reparación. La sangre es la que se encarga de llevar todo lo que necesitan las células de un sitio a otro. Los diferentes análisis forenses de las manchas de la escena de un crimen se basan en detectar la presencia de algunos de sus componentes, sobre todo de la hemoglobina, la principal proteína que contienen los glóbulos rojos y la responsable que les da el color.

Durante la inspección visual del escenario de un crimen, el investigador puede ver una mancha sospechosa de ser sangre. Como todo en la vida, la sangre y las manchas de sangre no se parecen en nada a como las vemos en la películas. La sangre en las películas es roja brillante y muy fluida. La sangre que transporta oxígeno es más brillante que la que transporta $CO_2$, pero en contacto con el aire se oxida y se vuelve marrón y finalmente negra. Además, las plaquetas empiezan a aglomerarse y la sangre coagula, por lo que espesa de forma muy rápida. Por tanto, una mancha marrón o negra en el escenario de un crimen es sospechosa de ser sangre. Los análisis de sangre se pueden dividir entre pruebas presuntivas o de confirmación. Las pruebas presuntivas son análisis rápidos para comprobar si no es sangre. Es decir, si sale negativo no es sangre; si sale positivo, hay que confirmar que es sangre y sobre todo si es humana o animal.

El test más antiguo es el de la tetrametilbenzidina, que se descartó porque sus reactivos son muy cancerígenos. El de la leucomalaquita también da una reacción de color verde en presencia de sangre, pero su uso presentaba el mismo problema que el de la tetrametilbenzidina. Más popular es el de Kastle-Meyer, utilizado con un indicador de pH muy usual, la fenolftaleína. La prueba consiste en añadir fenolftaleína y agua oxigenada a un bastoncito de algodón que se ha frotado en la mancha. Si la muestra tiene sangre, la fenolftaleína se volverá rosa; si no se colorea, en principio no es sangre. Esta prueba es preliminar, ya que existen diferentes compuestos como metales o incluso vegetales que pueden dar positivo. Las pruebas más frecuentes últimamente son las del luminol y la fluoresceína. A diferencia de las anteriores aquí no se ve un cambio de color, sino la emisión de luz. El luminol tiene la ventaja de ser muy sensible, detectar cantidades mínimas, e interferir poco en posteriores análisis, pero, como toda prueba, puede dar falsos positivos y falsos negativos. Por ejemplo, si la mancha tiene hierro, dará positivo sin ser sangre; si se ha utilizado lejía, dará negativo. En caso de que dé negativo se puede utilizar otra prueba, la de Bradford, que detecta la presencia de proteínas. Esta técnica se basa en utilizar un colorante, el azul de Coomassie, que en presencia de proteínas y en un medio ácido cambia de color marrón a azul brillante por reaccionar con alguno de los aminoácidos que forman las proteínas. El método de Bradford es bastante fiable, aunque puede fallar si la muestra se ha tratado con un detergente muy fuerte o con líquidos orgánicos como el fenol o el cloroformo.

> El luminol se utilizó por primera vez en España en octubre de 2001 en el caso del cuerpo de una mujer que apareció en una zanja de la Casa de Campo de Madrid. La inspección ocular determinó que el cuerpo había sido trasladado allí *post mortem*. La policía empezó a investigar el entorno de la víctima. Al aplicar luminol en la trastienda del comercio donde trabajaba, aquello se iluminó como unos grandes almacenes en Navidad, a la vista de lo cual el sospechoso se derrumbó y confesó.

Otra alternativa es utilizar la fluoresceína, cuya reacción no se anula limpiando la mancha con lejía. En el caso del luminol la reacción produce una luz azulada; en el de la fluoresceína, como su nombre indica, es fluorescente, es decir, tienes que iluminar con luz de una longitud de onda determinada, y el compuesto emite luz en otra. No esperes ver un foco de discoteca. Para observar la reacción hace falta, en un caso, oscuridad y, en otro, iluminar con una longitud de onda determinada. A pleno sol, por mucha fluoresceína o luminol que pongas, no verás nada. ¿Obvio, no? En el capítulo cuarto de la quinta temporada de *Bones* sospechan que el arma homicida ha sido uno de los carteles que la gente pone en su jardín, y a plena luz del día se ponen a echar luminol... Pues eso, que difícilmente van a pillar así al malo si no esperan a que oscurezca.

Una vez que sospechamos que es sangre porque las pruebas presuntivas han dado positivo, hay que confirmarlo. Para esto se suele hacer la prueba de Teichmann, que consiste en coger la sustancia sospechosa, añadirle sal y un poco de ácido acético, y calentarlo. Al enfriarse, si es sangre se formarán cristales de hemina que serán fácilmente observables al microscopio. Otra alternativa es el test de Takayama, en el que como reactivos se utilizan agua, glucosa, sosa y piridina. También hay que calentar y observar al microscopio, aunque en este caso se forman cristales de hemocromógeno. La hemina y el hemocromógeno son productos de degradación o de la reacción de la hemoglobina con los reactivos. La prueba de Takayama suele funcionar mejor en muestras muy antiguas, de hecho se ha llegado a utilizar en las manchas de sangre del uniforme de un soldado canadiense de 1812 con resultado positivo.

Ya tenemos el positivo con el test presuntivo y el positivo con el confirmativo, pero nos falta algo más... ¿la sangre es humana o animal? Aquí hay varios tests, pero todos se basan en una premisa: los anticuerpos (no, no me estoy refiriendo al hijo de una conocida folclórica en bañador), las moléculas que utiliza nuestro sistema de defensa para reconocer sustancias extrañas y eliminarlas. Por ejemplo, si te infectas con algo, tu sistema inmune no lo reconoce al principio, pero va probando anticuerpos por un sistema combinatorio hasta que uno es capaz de bloquearlo, y la línea de células que produce este anticuerpo además se mantiene. A grandes rasgos así es como funcionan las vacunas. Tú inyectas a una persona sana el virus o la bacteria que produce la enfermedad, aunque atenuado o muerto, de forma que sea incapaz de infectar pero que genere los anticuerpos. Eso hace que si en algún momento esa persona se infecta, su sistema inmune ya tenga la defensa lista, lo cual hace que no desarrolle la enfermedad o que sea más fácilmente defendible que si no tuviera los anticuerpos ya generados. Los anticuerpos se producen contra prácticamente cualquier sustancia extraña que entre en tu cuerpo, no necesariamente tiene que ser algo que produzca una enfermedad; por ejemplo, cuando te trasplantan un órgano, los anticuerpos pueden reaccionar contra él y se produce el rechazo. Por ejemplo, podemos conseguir anticuerpos contra la hemoglobina humana o contra otra proteína del suero como las globulinas. Si eso lo inyectas en un conejo, su sistema inmune lo reconocerá como algo raro y se pondrá a producir anticuerpos. Si le haces varias inyecciones, acumulará muchos anticuerpos. Luego, puedes obtener la sangre del conejo, coagularla para eliminar todas las células y el suero será rico en anticuerpos que, si entran en contacto con la proteína que has utilizado, se quedarán pegados y precipitarán.

La primera descripción de un test basado en anticuerpos se hizo pública el 7 de febrero de 1901. El primer caso en el que se utilizó el test de Uhlenhuth para determinar si los restos de sangre eran humanos fue hecho por el propio Uhlenhuth a solicitud de la policía en el mes de julio de ese mismo año. Ludwig Tessnow era un carpintero sospechoso de haber asesinado a dos chicos y de mutilar ovejas. Sin embargo, cuando revisaron sus ropas, Tessnow alegó que las manchas no eran de sangre, sino de un barniz que utilizaba en su trabajo. Uhlenhuth examinó más de cien manchas en la ropa del sospechoso y fue capaz de distinguir las manchas de barniz de las de sangre de cordero y de las de sangre humana, lo cual fue decisivo para procesar a Tessnow.

> La producción de anticuerpos no es solo interesante en la ciencia forense, sino también en la investigación en biología molecular básica. Ahora hay bastantes empresas que se dedican a producir anticuerpos, ya sea a partir de animales como conejos, cabras o ratas (policlonales), donde produces una serie de anticuerpos que pueden reaccionar contra varias cosas, o bien de líneas celulares (monoclonales), que serán muy específicos. En la época en que preparaba mi tesis doctoral nos hizo falta conseguir anticuerpos para una proteína de levadura que estaba estudiando, con lo que me tocó purificar la proteína y pasarme tres meses inyectando a dos conejas de la granja que la universidad utiliza para las prácticas de producción animal. No voy a contar mis batallitas para poner una inyección a una coneja. Dejémoslo en que no tengo aptitudes innatas para ser veterinario. Lo peor es que, cuando me disponía a recoger los frutos de tanto esfuerzo, por un error se extravió una de las conejas inyectadas... Supongo que alguien se debió comer una paella con mis anticuerpos. Espero que estuvieran buenos.

Hay diferentes formas de identificar este precipitado. Se puede poner con un anticuerpo trucado que reconozca el anticuerpo del conejo y a su vez esté unido a una molécula fluorescente, por lo que verás luz. O que el anticuerpo trucado produzca una reacción química que puedas seguir. Esto se puede ver separando las proteínas de la muestra y transfiriéndolas a papel, o directamente en una placa. Un test típico para ver si la sangre es humana es el de doble difusión de Ouchterlony, que consiste en coger una placa con gelatina de agar y hacer dos pequeños agujeros, en uno de los cuales se coloca la muestra que se supone que es sangre y en el otro los anticuerpos, que con el tiempo se irán difundiendo por la gelatina. Si al encontrarse los anticuerpos del conejo con la proteína de la sangre se forma una línea de precipitado observable a simple vista, la sangre es humana.

Por lo demás, os podéis preguntar qué sentido tiene hacer tantos análisis cuando te encuentras una mancha... ¿no sería mejor ir directamente a las pruebas con anticuerpos? Quizá sí se podría, pero resultaría caro, largo y farragoso. El truco es ir eliminando. Si en una de las pruebas presuntivas sale negativo, se descarta. Las pruebas presuntivas siempre se hacen *in situ* y de forma fácil. Después los positivos se hacen con las confirmativas, las cuales requieren microscopio y laboratorio, y finalmente se realizan las serológicas, que son más caras y largas. Si tuvieras que hacer una prueba serológica a la brava con cualquier mancha que te encontraras, las investigaciones se eternizarían y los presupuestos se dispararían.

La sangre no es el único fluido corporal que podemos encontrar en la escena de un crimen. Las manchas de semen o saliva pueden ser útiles para resolver el caso. Ambas manchas se pueden detectar mediante luz violeta o ultravioleta si son recientes, o con ensayos químicos específicos basados en la presencia de diferentes compuestos o de diferentes enzimas, como la fosfatasa ácida en el semen o la amilasa en la saliva. Para ello se emplea la luz forense, unas lámparas que contienen leds de diferentes longitudes de onda y permiten identificar manchas de fluidos biológicos y observar huellas dactilares o pisadas.

Todo hay que decirlo, muchas de las técnicas que he explicado en este apartado están en desuso. Ahora existen dispositivos parecidos a los de las pruebas de embarazo que sirven para detectar en el lugar del crimen si una mancha de sangre es humana o no. La policía española utiliza uno denominado Hexagon Obti. Dado que este tipo de dispositivos se pueden utilizar para detectar drogas, y otros elementos, los describo en detalle en el siguiente capítulo (tened un poco de paciencia).

## Tenemos la sangre y es humana, ¿ahora qué?

La sangre tiene una marca fundamental, que son los grupos sanguíneos. Su descubrimiento se lo debemos al médico austríaco Karl Landsteiner, quien a principios de siglo XX logró averiguar por qué las transfusiones sanguíneas eran un desastre hasta entonces. En el año 1667 Jean-Baptiste Denis trató de introducir sangre de cordero en un humano, pero falló. A principios del siglo XIX James Blundell experimentó con la transfusión de humano a humano, pero en unos casos el paciente sobrevivía y en otros moría, por lo que se consideró un método arriesgado. En 1875 Leonard Landois encontró la explicación a por qué la gente se moría. Descubrió que si mezclabas sangre de humano con sangre de animal el fluido resultante se ponía a flocular —palabreja que utilizamos los científicos para hablar de la formación de copos—, pero que estos flóculos eran diferentes de los coágulos. Afinando más, descubrió que esto también pasaba si mezclabas el suero de un animal con los glóbulos rojos de otro o si mezclabas suero animal con glóbulos rojos humanos. Si esta reacción se daba en los vasos sanguíneos, estos copos bloquearían la circulación sanguínea y así se produciría la muerte. Veinte años después el belga Jules Border descubrió que esta floculación era debida a una reacción del sistema inmune y, gracias a esto, Landsteiner pudo explicar el fenómeno y atar todas las variables. Landsteiner descubrió que en la superficie de los glóbulos rojos había determinadas proteínas antigénicas (reconocidas por anticuerpos), la A o la B. Una persona del grupo A tenía anticuerpos contra el grupo B, de forma que si entraba sangre B en su torrente circulatorio sería atacada por su sistema inmune. De la misma manera, alguien con grupo sanguíneo B tiene anticuerpos contra el A. Lo más curioso es que estos grupos no son excluyentes ni obligatorios, en el sentido que existe un grupo 0 que no tiene antígeno A ni B, pero tiene anticuerpos contra ambos, por lo que no puede recibir sangre ni A ni B, pero sí puede dar a cualquiera, puesto que no tiene ninguna proteína en su superficie que desencadene la respuesta inmune. Al revés, la gente del grupo AB no tiene anticuerpos contra ninguno de los antígenos, por lo que puede recibir de todos, pero solo puede dar a los AB. Por si fuera poco, se complica más con el factor Rh, llamado así por haber sido descubierto en un mono, el macaco rhesus, por el propio Landsteiner y Alexander Weiner. Si tienes este antígeno serás Rh+ y no tendrás anticuerpos, pero si careces de él, serás Rh– y no podrás recibir sangre positiva porque tendrás anticuerpos que reaccionarán frente al Rh+. De hecho, antiguamente esta era la causa de que muchos embarazos no se llevaran a término. Si la madre era Rh– y el feto Rh+, el primer embarazo iba bien, pero en el segundo, si también era Rh+, ya tenía anticuerpos y su sistema inmune acababa con el feto. Hoy en día eso se puede solucionar con una inyección de inmunoglobulina anti-D. También existen otros grupos sanguíneos como los M, N y P, que descubrieron Landsteiner (no le gustaba perderse una fiesta) y Levine, aunque estos no son relevantes para las transfusiones. Por supuesto este descubrimiento permitió desarrollar las transfusiones de sangre y salvar millones de vidas, pero ¿qué tiene que ver con la ciencia forense?

La sangre O–, el donante universal, la comparte solo un cinco por ciento de la población mundial, pero no es el grupo más raro. Recientemente se descubrió un nuevo grupo sanguíneo llamado Rh nulo debido a una mutación en el factor Rh. En 2010 solo se conocía a cuarenta y tres personas en todo el mundo con este grupo, de las cuales solo seis eran donantes de sangre habituales. Además cada uno estaba en un país diferente. La vida de estas personas es normal, salvo si en algún momento necesitaran una transfusión de sangre, puesto que sería casi imposible conseguirla en muchas partes del mundo. La mayoría de ellos decide no hacer actividades de riesgo y no viajar a países donde no hay reservas de esta sangre disponible.

Landsteiner no estaba especialmente interesado en ese campo, pero gracias a su relación con Max Richter, profesor del Instituto de Ciencias Forenses de Viena, desarrollaron un método para identificar el grupo sanguíneo a partir de muestras secas de sangre, lo que abrió posibilidades en el estudio criminalístico.

Curiosamente ni lo de los grupos sanguíneos ni la identificación de sangre humana despertaron demasiado el interés de los científicos forenses. El primero que utilizó el análisis sistemático de grupos sanguíneos para resolver crímenes fue el italiano Leone Latte, que en 1922 publicó el primer tratado de serología forense. Latte optimizó los tests disponibles y consiguió que fueran eficientes a partir de muy poca muestra o de muestras muy antiguas. Poco después se descubrió que, en aproximadamente el ochenta y cinco por ciento de la gente, las proteínas que determinan el grupo sanguíneo aparecen, además de en la sangre, también en la saliva o el semen, por lo que la exclusión por grupo sanguíneo se puede hacer a partir de otras fuentes de material.

Como ya hemos dicho la sangre es algo que en muchos casos nos indica que se ha producido un crimen. Los grupos sanguíneos no se distribuyen de forma homogénea en la población, sino que hay diferentes porcentajes, que quienes estudian la genética de las poblaciones dicen que cumplen el equilibrio de Hardy-Weinberg. Cuando tenemos una identificación positiva de una mancha de sangre en el lugar de un delito, lo primero es determinar el grupo sanguíneo. Importante: el grupo sanguíneo no nos permite individualizar una muestra. Por ejemplo, alguien apuñala a alguien. Es bastante frecuente que el agresor se corte con el propio cuchillo o resulte herido por la víctima en el forcejeo. Si el grupo sanguíneo de los restos de sangre del agresor coincide con el de la sangre del arma homicida, esto en ningún caso nos permite probar la culpabilidad, pues aunque fuera el grupo sanguíneo menos frecuente, existen miles de personas con el mismo. No obstante, sí tiene carácter exculpatorio. Si el grupo sanguíneo no coincide con el del sospechoso, podemos descartarlo. Esto sigue siendo muy

El grupo sanguíneo es un carácter genético como el color de pelo, el de ojos o tener la nariz más o menos ganchuda. Existen libros que pretenden relacionar el grupo sanguíneo con la personalidad, con la nutrición, con la pareja más afín u otros elementos. A ver, el grupo sanguíneo no es el horóscopo (que no sirve para nada, por cierto). En 2011 el primer ministro japonés Ryu Matsumoto dijo que había metido la pata porque su grupo sanguíneo es B y eso lo hace muy impulsivo. Es la excusa más floja desde «no he hecho los deberes porque se los ha comido el perro» o «he llegado tarde a casa porque la reunión de trabajo se ha alargado». Mendel demostró hace dos siglos que los caracteres genéticos se heredan de forma independiente, así que el grupo sanguíneo va por un sitio y todo el resto de particularidades genéticas por otro.

útil, por ejemplo, para hacer un cribado de sospechosos antes de realizar pruebas genéticas que sí nos permitan individualizar la muestra.

## La sangre mancha, pero con estilo

Ya sabemos que la sangre mancha debido a su composición. El contenido de la mancha de sangre nos puede dar información, pero estamos olvidando algo importante. Como decía Aristóteles, tenemos la materia y la forma. Independientemente de su contenido, la simple forma de la mancha de sangre puede ser muy útil. Como hemos visto en el apartado anterior toda la investigación forense sobre la sangre va a rebufo de la investigación médica o en ciencia básica. No obstante, hay un área de estudio en este campo que es propia, única y exclusiva de la ciencia forense: el estudio de las manchas de sangre.

Cuando se hace la inspección de la escena de un crimen, los forenses hacen una documentación fotográfica completa de todas las manchas que aparecen y sobre todo de su relación con la habitación (altura, ángulo) ya que pueden dar valiosa información de cómo se ha producido el crimen, como el tipo de arma usado, el número de golpes, el lugar del crimen y la altura de la víctima y del atacante.

Para empezar hay que fijarse en el tamaño medio de las gotas, ya que nos indican la velocidad del impacto que causó la herida. Un balazo o una explosión produce una nube de gotas pequeñas, normalmente menores de 1 mm. Un golpe con un arma contundente como un bate de béisbol o un apuñalamiento produce gotas de 1-4 mm, mientras que un puñetazo o un arma pequeña da como resultado gotas de 4-8 mm. También es importante ver la forma de estas gotas. En un disparo o golpe las gotas impactarán sobre la superficie en determinado ángulo. Eso produce una forma de gota tipo renacuajo o espermatozoide, con la cabeza grande y una especie de rastro trasero en forma de cola que apuntará hacia el origen de la sangre. Esto es muy útil porque, uniendo los ángulos hacia los que apuntan las diferentes gotas, por trigonometría sencilla se puede calcular desde dónde se produjo el ataque y el ángulo en el que se produjo, dándonos información sobre los hechos y la altura del tirador (suponiendo que fuera un disparo). Otra información útil son las famosas manchas gravitacionales que tantas veces le menciona Willows a Grissom en *CSI Las Vegas*. Una mancha gravitacional es producida por una gota de sangre que impacta en el suelo perpendicularmente, como una bola que dejas caer. Estas manchas no son propias del impacto o directamente del arma homicida, sino de alguien que está sangrando. La forma de la mancha es indicativa de la distancia desde la que ha caído. Si la mancha es redonda se debe a que ha caído de poca altura; si tiene como una corona de gotas más pequeñas alrededor, indica que ha caído desde más altura pues eso se debe al rebote, como las gotas de lluvia forman una corona distintiva al caer en el agua. Otra señal significativa es la de una forma como de sifón o de fuente; esto suele pasar cuando se secciona una arteria y la sangre sale impulsada por el bombeo del corazón.

Y hasta aquí la teoría, pero vayamos a la práctica. Los análisis de sangre presuntivos, confirmativos o para determinar si es humana o no, funcionan muchas veces a partir de trazas de sangre, aunque se haya limpiado. En cambio, tratar de reconstruir los hechos a partir de las manchas de sangre implica que la escena del crimen debe estar impoluta, sin contaminar, algo que no siempre se consigue. Una fregona o un trapo es suficiente para borrar todo el rastro de manchas y hacer inviable el análisis. Es más, la propia víctima o el agresor, simplemente con que haya lucha o forcejeo, pueden alterar los restos de sangre. Por tanto, esta técnica es muy potente pero no siempre podemos aplicarla.

Analizar los bichos que rodean el entorno de un crimen es un campo relativamente nuevo y apasionante dentro de la ciencia forense. En el transcurso de un delito el criminal puede llevarse animalitos de la escena o dejar en ella otros que puedan ayudar a la reconstrucción de los hechos. Por ejemplo, en los cadáveres que aparecen flotando en el agua, las diatomeas (unas algas unicelulares) pueden ayudar a descifrar dónde se ahogó y las condiciones, ya que varían mucho en función de la localización geográfica. En el estudio de los cuerpos en descomposición también es muy importante el tipo de bichos asociados a los restos, sobre todo para datar la fecha de la muerte.

El estudio de insectos es relativamente reciente. Hasta el siglo XX solo podemos encontrar estudios sueltos sin continuidad. En la introducción he referido el caso de un asesinato en China que se resuelve por cómo las moscas son atraídas a los restos de sangre. Existen numerosas referencias en el arte en el que se ve la asociación de los insectos, principalmente gusanos, con la muerte y la descomposición. Sin embargo, se pensaba que los gusanos salían espontáneamente de la carne podrida. Francesco L. Redi demostró en 1668 que los gusanos de la carne putrefacta eran en realidad larvas de mosca. Y fue Pasteur quien descartó en el siglo XIX la teoría de la generación espontánea. Es decir, un bicho viene de otro bicho. No aparecen bichos de la nada.

En el siglo XIX Orfila (sí, el de los venenos) y Octave Lesuer estudiaron la presencia de insectos en cadáveres, pero no lo consideraron una forma de estimar la fecha de la muerte. No fue hasta 1855 que Bergeret trató de describir el primer intervalo *post mortem* fijándose en los insectos. El primer gran tratado de entomología forense es *La fauna de los cadáveres* (1894), de Jean-Pierre Megnin, quien hizo un análisis sistemático de la descomposición del cuerpo y de la presencia de los diferentes insectos. No obstante, algunos autores, entre ellos los españoles Antonio Lecha-Marzo, Antonio Piga y Arturo Álvarez Herrera, cuestionaron la validez de los resultados y señalaron sus errores.

En Estados Unidos, M. G. Motter examinó en 1890 ciento cincuenta cadáveres que fueron exhumados al trasladar un cementerio y describió los insectos que aparecían entre ellos, señalando que muchos quedaban atrapados en el propio cadáver. El estudio fue publicado con el elocuente título de *Una contribución al estudio de la fauna de la tumba: Estudio de ciento cincuenta exhumaciones, con algunas observaciones experimentales adicionales*, publicado en el boletín de la Sociedad de Entomología de Nueva York. En 1950 H. B. Reed, en Knoxville, hizo estudios sobre insectos en cadáveres de perros y, en 1960, Jerry Payne hizo un estudio similar utilizando cadáveres de cochinillos (vaya desperdicio).

Para un insecto, un cuerpo es como una enorme fuente de comida gratis. Por tanto, si se abandona un cuerpo a su suerte, en algún momento alguna mosca dejará su descendencia. Hay estudios detallados sobre la correlación en que los insectos ponen sus huevos, ya que hay una jerarquía. Las moscas ponen los huevos en las partes más accesibles, normalmente los orificios (ojos, nariz, oídos, ano) o las heridas o abrasiones que dejan la carne al descubierto. Los huevos eclosionan y salen las larvas, que empiezan a alimentarse de la carne de fuera hacia dentro. En general, durante este proceso el metabolismo de los insectos es muy activo y se desprende mucho calor. Según el tamaño de las larvas el entomólogo forense puede hacerse una idea de su edad y del momento de la puesta. Pero suceden más cosas. La abundancia de larvas llama a los insectos carnívoros, que se alimentan de estas larvas. Una vez completan su desarrollo, los insectos entran en la fase de pupa y luego eclosionan. Las pupas se quedan en el cadáver (lo que mi amiga la inspectora de policía llamaba coloquialmente «crispies») y son indicadoras de que el cadáver lleva por lo menos dos semanas en el menú.

Mientras Bill Rodríguez, discípulo de William Bass, hacía estudios en la granja de cadáveres organizada en Knoxville por su maestro, descubrió que la secuencia en la que aparecían los insectos en un cadáver siempre era la misma. Normalmente los primeros en llegar son las moscas verdes o azules de reflejo metálico y los moscardones, que tardan minutos. Las hembras embarazadas ponen los huevos y, en pocas horas, estos eclosionan y salen las larvas, que se desarrollan hasta alcanzar 1,27 cm más o menos. Avispas, hormigas, avispones vienen después para alimentarse de los huevos y de las larvas recién nacidas. Luego, llegan los escarabajos peloteros y otros coleópteros que se alimentan de la carne al descubierto y de los gusanos ya crecidos. Estos, a su vez, ponen huevos y las larvas de los carnívoros también se alimentan de cadáveres en una segunda oleada. Por último llegan los dermestos, que se alimentan de los jirones de carne pegada al hueso.[9]

Dicho esto, hay que poner un poco de agua al vino con el tema de la entomología forense. En *CSI*, Grissom llega a la escena del crimen, se quita las gafas, pisa un bicho y dice que a la víctima la mataron el domingo después de la salida de misa de doce. En el mejor de los casos un análisis forense preciso únicamente puede indicarnos un margen de días, en algunos casos de horas. Pero establecer ese margen es complicado. Tenemos dos limitaciones fundamentales. La biodiversidad de insectos es brutal. Hay millones de especies de insectos. En el metro de Londres hay razas de insectos propios de cada línea,[10] y posiblemente en los metros de Madrid, Barcelona y Valencia (sí, qué pasa, lo nuestro nos costó que lo construye-

9. Rodriguez, W. C. y Bass W. M., «Insect Activity and its Relationship to Decay Rates of Human Cadavers in East Tennessee». *Journal of Forensics Sciences*, 28(2), 1983, pp. 423-432. Este estudio, que inicia la entomología forense moderna, es uno de los artículos científicos más citados de todos los tiempos.

10. Byrne, K. y Nichols, R. A., «*Culex pipiens* in London Underground tunnels: differentiation between surface and subterranean populations». *Heredity*, 82, 1999, pp. 7-15.

ran, aunque no tanto como el tren de Gandía a Denia, que aún seguimos esperando) también encontremos variedades de insectos que nadie ha catalogado todavía (es lo que pasa cuando recortas en ciencia). Si el cuerpo se coloniza por una especie o variedad de insectos que no está suficientemente estudiada o cuyo ciclo vital no conocemos al detalle, esto generará un error en las estimaciones. Por ejemplo, si es una variedad de mosca poco conocida y que se desarrolla más lentamente que otra de su misma especie más estudiada, esa diferencia inducirá un error en el cálculo. Otro problema es la temperatura. Los insectos son bichos de sangre fría. Eso quiere decir que, a diferencia de nosotros, no tienen un sistema metabólico que permita regular la temperatura corporal, por lo que dependen de la temperatura del exterior, lo cual nos ahorra una pasta en insecticidas. Si las moscas y mosquitos fueran de sangre caliente, pasaríamos todo el año evitando las picaduras y no solo en verano. Un entomólogo sabe que para la estimación de la edad de la larva tiene que tomar en cuenta la temperatura a la que está el cadáver, ya que si hace más frío el desarrollo es más lento y al contrario si hace calor... Pero ¿cómo sabemos la temperatura? ¿Mirando el parte meteorológico? Aquí tenemos un serio problema. El parte nos indica la temperatura registrada en la estación meteorológica más cercana. Pero si el cadáver está en un descampado donde corre aire frío, la temperatura puede ser varios grados menor fácilmente, o mayor si está dentro de una cueva, por lo que en muchos casos solo podemos estimar la temperatura de manera aproximada, y esto es otra fuente de error importante. Un ejemplo de esta incertidumbre fue el caso de Danielle van Dam, una niña de siete años de edad que desapareció de su habitación y apareció tres semanas después en avanzado estado de descomposición. Se hicieron cinco análisis forenses diferentes, incluido el de Bill Rodriguez, uno de los padres de la entomología forense. Los cinco dieron márgenes de fechas diferentes para el mismo cadáver, lo que complicó la investigación puesto que el principal sospechoso, su vecino David Allan Westerfield, tenía coartada para algunos de esos días. Finalmente fue condenado a partir de evidencias adicionales.

No obstante, la entomología forense sí permite obtener información indirecta. Si la fauna es diferente a la existente en el lugar en el que ha sido encontrado el cuerpo, es señal de que ha sido movido. Si aparece flotando pero tiene insectos en los orificios, estuvo en tierra antes de que lo arrojaran al agua... Este aspecto fue muy útil en el caso de Omar Carrasco, retratado en la película *Bajo bandera* (Juan José Jusid, 1997). Omar era un recluta que hacía el servicio militar en Zapala, en la provincia argentina de Neuquén, cuando fue víctima de una novatada que se les fue de las manos. Los superiores quisieron tapar el asunto y declararon que había desertado. Sin embargo, su cuerpo fue hallado casi un mes después de su desaparición. El informe de la entomóloga forense Adriana Oliva demostró que el cuerpo había estado guardado casi veinte días y que fue depositado en el campo justo antes de ser encontrado. Este caso supuso el fin del servicio militar obligatorio en Argentina.

Estimar la fecha de la muerte no es la única aplicación de la entomología forense. Existe la entomotoxicología forense. Las larvas de insectos tienen un apetito voraz, de modo que cuando se están zampando el cadáver, si este contiene algún producto tóxico debido a que ha sido envenenado o porque es originario de una zona con contaminación ambiental, el insecto puede acumular estos contaminantes en su cuerpo, lo cual provocará que, sobre todo para cantidades muy pequeñas, sea más fácil analizar la composición del insecto que se ha comido los restos que el propio cadáver. En 1977 se pudo determinar que una víctima hallada en Finlandia no era natural de donde se había encontrado el cadáver porque las larvas no contenían apenas mercurio, un contaminante propio del suelo de la zona. Otro aspecto importante es su aplicación en el caso de cadáveres de toxicómanos, ya que las larvas permitirán detectar las sustancias que había en su cuerpo antes de la muerte. Aquí también es importante considerar que estas mismas drogas pueden tener efectos en el proceso que sufre el cadáver. Por ejemplo, un estudio realizado en 2014 demostró que la metanfetamina y el producto en el que se convierte al metabolizarla aceleran el crecimiento larval de la *Calliphora stygia* o mosca verde australiana, por lo que, si no se tiene en cuenta, este factor puede alterar la datación del cadáver. Al protagonista de la serie *Breaking Bad* podrían añadirle el cargo de delito medioambiental por drogar a los insectos. Eso debe estar perseguido, al menos en los parques naturales...

Con la utilización de la genética se pueden hacer análisis más precisos de la especie de insecto... y alguna cosa más. Por ejemplo, cuando una larva se come un cadáver, también acumula ADN del cadáver que puede servir para identificarlo, o si ese insecto aparece entre la ropa del sospechoso, puede relacionarlo con el crimen. De la misma forma, cuando un insecto te pica y te extrae sangre, esta lleva tu ADN y puede servir para relacionarte con un crimen. Por cierto, *Parque Jurásico* (Steven Spielberg, 1993) se basa en la premisa de que los insectos conservados en ámbar tenían ADN de dinosaurio. El ADN es estable, pero no tanto. Casi todos los dinosaurios se extinguieron hace sesenta y cinco millones de años, demasiado tiempo para que aguante el ADN, por lo que la historia imaginada por el escritor Michael Crichton no es factible. He dicho «casi todos» porque todos los dinosaurios no se han extinguido. Los pájaros son dinosaurios, los únicos que quedan.

También se ha intentado ver el potencial de los insectos como bioacumuladores de metales que puedan indicar los restos de un disparo. Los más frecuentes son plomo, bario y antimonio.

Por suerte, cada vez aparecen más estudios específicos sobre fauna local que ayudan a calcular la fecha de la muerte con mayor precisión. Además, desde el año 2002 existe la Asociación Europea de Entomología Forense, en la que participan miembros de la policía española.

Siguiendo el principio de intercambio de Locard, en cualquier contacto te llevas algo y te dejas algo. Si a esto le unimos que el acto sexual siempre es muy pringoso, ya sea animal o vegetal, tenemos que el polen es muy efectivo quedándose pegado en los sitios más extraños, lo que ayuda en las investigaciones forenses. Eso quiere decir, que al más puro estilo de la película *Algo pasa con Mary* (Peter y Bobby Farrelly, 1998) y la impagable escena del fijador de pelo que no era tal, el polen, el equivalente a los bichitos cabezones del mundo vegetal, también se queda pegado al lugar más insospechado, incluida la gente que comete delitos y luego no quiere decir dónde ha estado. Por eso la palinología, es decir, el estudio del polen, cada vez está adquiriendo más protagonismo en la investigación forense. Otra circunstancia es que el polen es muy duradero. Ha habido casos que se han resuelto porque al delincuente se le quedó pegado en la ropa polen de un árbol que había sido talado hace más de setenta años. También se pueden rastrear varios años después los lugares donde se ha plantado marihuana.

Para estudiar estos diminutos granos, conviene tener en cuenta que las plantas autógamas se fecundan solas, y por tanto producen menos cantidad de polen, mientras que las cleistógamas acumulan el polen y no lo esparcen para favorecer la autopolinización. Por ejemplo, si aparece polen de una de estas plantas en las ropas del sospechoso, esto implicaría que estuvo en contacto directo con ella y podría demostrarse un forcejeo o una agresión sexual.

Hay que decir que hay muy pocos especialistas en palinología forense. En este campo el país puntero es el Reino Unido. Ya hemos dicho antes que la inspección ocular y la documentación fotográfica son aspectos claves para resolver un crimen. Los botánicos forenses se quejan de que, al hacer el reconocimiento ocular de la escena del crimen, en ocasiones no se realiza un reportaje fotográfico de las plantas presentes, que podrían ayudar a identificar con posterioridad si el sospechoso estuvo en la escena del crimen por los restos del polen.

Otra ventaja del polen es que, al contrario que los insectos, se queda pegado principalmente en la ropa y no se mueve; de esta forma, si alguien ha corrido por un campo de trigo o maíz, tendrá polen por el cuerpo a cierta altura. Si ha estado debajo de un pino, tendrá polen en la cabeza, y si se ha apoyado en una pared, se habrá adherido en la zona de la ropa que haya estado en contacto con ella. Además de dónde, el polen nos permite determinar el cuándo. El perfil de polen que hay en una zona determinada cambia muy rápido: en primavera y verano es abundante; en otoño, menos; y en invierno, apenas hay, salvo el que es muy pesado y se ha quedado en el suelo. Además, la vegetación va cambiando, por lo que los perfiles de polen también presentan variaciones entre un año y otro.

La forma más típica de analizar una muestra de polen es por microscopia electrónica de barrido y comparando la forma del grano de polen, distintiva de cada especie, con las descripciones en las guías o libros de referencia. Y aquí tenemos el principal problema, como con los insectos. El trabajo del palinólogo forense será más fácil cuanto más completa sea la guía, que no siempre es el caso. Lo mismo sucede para identificar un lugar a partir del perfil del polen, pues no siempre tenemos unos estudios detallados y, en ocasiones, a pesar de encontrarse muestras de este material —en general, todos tenemos polen a nuestro alrededor, por lo menos en primavera (pregúntale a un alérgico)—, no siempre se les puede sacar todo el partido.

El de la Sábana Santa es un caso arqueológico en el que se entremezclan historia y fe (y parece que se le hace más caso a esta última). La prueba del carbono 14 indica que es medieval, y curiosamente coincide con las primeras referencias históricas que tenemos de esta sábana en concreto, pero los defensores de su autenticidad alegan que, según un análisis de polen, estuvo en Palestina en el siglo I y luego hizo la peregrinación que se le atribuye. La cuestión es que, en arqueología, el análisis de polen no es una técnica de datación, al contrario que el carbono 14, porque no existen patrones fiables del polen que hay en cada sitio y en una determinada época histórica. Además, los pólenes tienen una movilidad muy diferente y las plantas, una distribución que no conocemos. También hay que tener en cuenta que una planta no se mueve, pero las poblaciones de plantas, incluso los bosques, sí lo hacen, creciendo hacia las mejores condiciones a medida que estas cambian. Lo realmente interesante es tener un yacimiento bien delimitado y con los estratos catalogados, así como con una cronología conocida. A partir de ahí podemos saber cómo era la cubierta vegetal en esa época histórica cogiendo una columna de tierra y analizando el polen de cada capa, que pertenecerá a épocas distintas, e incluso viendo la proporción entre el polen de árbol y el de arbusto o hierba podremos establecer si era una zona de estepa, de bosque o de pradera. Pero hacerlo al revés, es decir, decir que un objeto estuvo en la Palestina del siglo I a partir de una muestra del polen adherido a él... eso no hay arqueólogo serio que lo tome en consideración.

Tenemos ejemplos de investigación criminal en los que el polen ha sido determinante. En un caso de robo de coche, seguido de una colisión y la huida del sospechoso, este último alegó que no era el autor, pero escapó por un campo de kiwis (obviamente estaba en Nueva Zelanda) de una variedad muy rara y tenía las ropas cubiertas de su polen. En otra ocasión, una mujer acusó a un hombre de obligarla a practicar sexo oral detrás de un yate en un embarcadero. El acusado alegó que había pagado a la mujer y que el encuentro había tenido lugar en un parque frecuentado por prostitutas situado a trescientos metros. El polen de una planta rara que crecía en el embarcadero, y la falta de polen de las plantas del parque, demostró la culpabilidad del acusado.[11]

Si juntamos las pruebas de polen o de restos biológicos con las pruebas genéticas, entonces tenemos una potentísima herramienta para llevar evidencias sólidas a un juicio. El primer caso en el que se utilizó una prueba de ADN sobre material vegetal tuvo lugar en el condado de Maricopa, Arizona, en el año 1992. El cuerpo de una mujer fue hallado en el desierto, y muy cerca de ella se encontró un busca, un aparato prácticamente olvidado que tuvo su efímero momento de fama a principios de los años noventa hasta que fue borrado del mercado por la telefonía móvil. El busca permitió identificar a un sospechoso, Mark Bogan, haciendo buena esa costumbre de los criminales de olvidarse cosas en el lugar del crimen. Donde estaba el cuerpo había un árbol de palo verde (una especie del género *Parkinsonia*). Se encontraron semillas de palo verde en la furgoneta de Mark, pero la defensa alegó que es un árbol muy común en la zona. De la misma forma que se puede hacer un análisis de ADN para ver si una muestra biológica es de una determinada persona, la prueba confirmó que las semillas de la furgoneta eran del árbol próximo al cadáver, lo que situaba al sospechoso en la escena del crimen. Por cierto, este tipo de pruebas genéticas, como la que llevó a la cárcel a Mark Bogan, también se utilizan en agricultura o ganadería en casos de disputas sobre la propiedad intelectual de ciertas variedades o semillas patentadas. Mientras redacto

11. Horrocks, M. y Walsh, K. A. J., «Forensics Palynology: Assessing the value of the evidence». *Review of Palaeobotany and Palynology*, 193, 1998, pp. 69-74.

este libro, hay un lío importante montado en Valencia con la variedad de mandarina Nadorcott, pues la familia real de Marruecos asegura ser la propietaria de la patente y pide unas indemnizaciones millonarias como compensación por su comercialización ilegal.

No solo el estudio del polen puede servir para descifrar un crimen. En el caso del hijo de Lindbergh, la prueba más determinante fue que la madera de la escalera era la misma que la del ático de su casa, lo que se confirmó determinando los anillos. Pero se puede afinar. Imaginemos el caso típico de un criminal que quema las pruebas o el cadáver en el campo. Viendo las plantas que han crecido donde estaba la hoguera y el tamaño de estas, es posible determinar la fecha en la que se produjo el incidente. De la misma manera, en un capítulo de *CSI* se analiza la madera de un árbol debajo del cual se sospecha que se realizó una fogata hace años, ya que un análisis químico puede permitir confirmar o desmentir este hecho.

## Caso real: *El fugitivo*

Pocos crímenes han dado tanto juego en el cine o la televisión como el caso en que se basó *El fugitivo*, cuyo protagonista es acusado del asesinato de su mujer y huye de la justicia tratando de probar su inocencia y encontrar al verdadero culpable. Esta popular serie tuvo un enorme éxito en la década de 1960, con David Janssen interpretando el papel de Richard Kimble y Barry Morse en el del mítico inspector Gerard, su incansable perseguidor. En el año 1993 se estrenó una versión en largometraje, con Harrison Ford en el papel de presunto asesino.

La historia real es bastante fiel a lo que se cuenta en el inicio de la serie y en la película. Cleveland, Ohio, 4 de junio de 1954. El médico osteópata Sam Sheppard, su esposa, embarazada de cuatro meses, y su primer hijo formaban el prototipo de familia feliz americana. Esa noche, se quedó dormido en el salón mientras su esposa Marilyn descansaba en la habitación. A media noche, Sheppard escuchó golpes y gritos que procedían de la habitación pero, mientras subía por las escaleras, un fuerte golpe lo dejó inconsciente. Se recuperó, persiguió al asaltante y forcejeó con él, aunque volvió a dejar inconsciente a Sheppard. Cuando despertó, su esposa había sido brutalmente asesinada. A pesar de su declaración, el hecho de que la policía no encontrara restos de una entrada forzada ni del forcejeo, ni más sangre que la de su esposa, hizo dudar de su versión y se decidió procesarle. En la realidad y a diferencia de la serie, Sheppard nunca huyó.

Su juicio fue seguido por una gran avalancha mediática, y salió a la luz que la aparente familia modélica no era tal, pues el doctor tenía numerosas aventuras e infidelidades a sus espaldas. Fue declarado culpable del asesinato y encarcelado. Sin embargo, doce años después, su abogado volvió a solicitar un nuevo juicio alegando que se habían conculcado sus derechos por la presión mediática sobre el jurado. El juicio fue repetido en 1966 y se consideró que no había suficientes pruebas para incriminarle, por lo cual fue declarado inocente y puesto en libertad después de haber cumplido doce años de condena. Su historia después de salir de la cárcel fue bastante triste. Justo al salir, Sheppard se casó con Ariane Tebbenjohanns, hermanastra de Magda Goebbels. Volvió a ejercer de osteópata, pero tuvo que afrontar varias demandas por mala praxis. Se divorció y, a los cuarenta y cinco años de edad, se volvió a casar, en esta ocasión con la hija de un luchador profesional. En agosto de 1969 empezó una carrera como luchador de *wrestling* (lucha libre americana) con el sobrenombre de El Asesino (*The Killer*), y participó en cuarenta combates profesionales antes de su fallecimiento en 1970 por un fallo hepático derivado del alcoholismo.

¿Pero realmente asesinó a su esposa? Su primera condena se basó en pruebas muy indirectas y circunstanciales, en parte porque el jurado fue bastante mediatizado al airearse los asuntos de su vida personal. No había ninguna prueba sólida, pues ni siquiera se encontró el arma del crimen. El segundo juicio no se basó tanto en determinar su culpabilidad o su inocencia, sino en señalar los fallos del primer juicio, y esto fue lo que determinó el veredicto de «no culpable», que no es lo mismo que inocente.

En 1992 su hijo, que tenía siete años de edad cuando ocurrieron los hechos, trató de reabrir el caso contratando a abogados y expertos forenses en genética y en manchas de sangre. Su intención era limpiar el nombre de su padre y demandar al estado de Ohio por una elevadísima cantidad. Su estrategia se basó en tratar de atribuir el asesinato a Richard Eberling, quien trabajaba en casa de sus padres limpiando ventanas y que poco tiempo después fue acusado del asesinato de una persona mayor a la que cuidaba. Pero repasemos los hechos. En la declaración original Sheppard dijo que, cuando se recuperó, vio a una persona abajo, la persiguió hasta fuera de la casa, forcejearon y el asaltante volvió a dejarle inconsciente. Cuando se despertó, tenía la mitad del cuerpo en el agua del lago. La casa aparecía desordenada y varios objetos fueron robados, aunque se encontró un saco con ellos detrás de la casa. Durante todo el tiempo, el niño siguió durmiendo y el perro no ladró. A las 5:40 de la madrugada, Sheppard se recobró y llamó a un vecino para que avisara a la policía. Se encontraba sin camisa y tenía una mancha de sangre en los pantalones. La historia de la primera declaración es muy contradictoria con la hipótesis de su hijo, ya que implica que forcejeó con el presunto asesino, del que solo pudo decir que tenía el pelo a lo afro (*bushy hair*). Si hubiera sido alguien conocido, se hubiera dado cuenta; además, cuando el que intenta robar en tu casa es alguien conocido (un empleado doméstico, por ejemplo), la primera información que recaba es cuándo no vas a estar.

Aunque la demanda de Sam Jr. contra el estado fue desestimada, hizo un documental y un libro explicando las pruebas que había recopilado. A pesar de ser un documental que ofrece solo una versión de los hechos, a mí me suscita más dudas sobre la culpabilidad de su padre que pruebas sobre su inocencia. Curiosamente, el fiscal del caso, Jack P. de Sario, publicó luego otro libro argumentando que su padre había tenido un juicio justo y que había pruebas fundadas de su culpabilidad. La verdad es que ninguna de las pruebas recabadas por su hijo, basadas en el análisis de las manchas de sangre y en el análisis genético, pudieron probar la presencia de una tercera persona en la casa esa noche. Hay que tener en cuenta que de ese supuesto asaltante con el que forcejeó Sheppard no tenemos nada, ni pelo, ni huellas ni marcas en la casa.

Por tanto, en esta ocasión, ni la sangre, ni los bichos, ni las flores del jardín pudieron servir para probar una culpabilidad y el caso sigue entre brumas. Y cuando los bichos no son suficientes, quizá hay que investigar algo más pequeño, como los átomos.

## CAPÍTULO 8

# QUÍMICA FORENSE. LOS ESPECTROSCOPIOS NUNCA MIENTEN

Una de las herramientas más poderosas de la ciencia forense son las derivadas de los métodos de análisis químico. Estos pueden determinar, por ejemplo, si dos muestras de suelo son iguales, si una sustancia es una droga o un fármaco prohibido, si dos balas provienen del mismo cargador o si una muestra de pintura es de determinado coche, lo que puede ayudar a resolver un caso criminal.

Toda la materia que nos rodea está formada por átomos, que a su vez se unen para formar moléculas. Una molécula es la parte más pequeña de cualquier sustancia que mantiene sus propiedades, y está formada por un grupo de átomos unidos entre sí. Los átomos pueden combinarse de varias maneras. Hay uniones muy fuertes y estables y otras más débiles. Por ejemplo, si pones aceite en el agua, seguirá siendo aceite, y reconocible como tal, debido a que la unión entre sus átomos es muy estable y no se deja afectar por el agua. La sal, en cambio, tiene un tipo de enlace en el que el agua interfiere. Por eso la sal se disuelve fácilmente en agua. Sin embargo, el aceite sí puede reaccionar con el oxígeno, o dicho de otra manera, quemarse. Entonces deja de ser aceite ya que sus átomos de carbono, al reaccionar con el oxígeno, abandonan la molécula del aceite y pasan a otra molécula, el dióxido de carbono, y el hidrógeno pasa a ser agua, es decir, $H_2O$. Los átomos o elementos pueden formar parte de diferentes moléculas, pero son estructuras estables, de manera que el carbono que forme parte del aceite o del dióxido de carbono siempre será carbono, mientras que el hidrógeno no dejará de ser hidrógeno.

Veamos cómo es un átomo de cerca. Un elemento tiene un núcleo formado por neutrones y protones, y los electrones se sitúan alrededor de ellos cual moscas sobre un cadáver. Como Jack el Destripador, vayamos por partes. El número de protones del núcleo será el que determine que átomo tenemos. El carbono tiene seis protones. Si tuviera cinco sería boro, y si tuviera siete, nitrógeno. Pero además existen neutrones, y aquí el número puede variar. El carbono tiene mayoritariamente seis neutrones, aunque algunos átomos cuentan con siete y otros llegan a tener ocho neutrones. En todos los casos seguirá siendo carbono, aunque sus átomos tendrán un peso diferente. Y esto es importante porque algunos análisis se basan en esta diferencia, llamada diferencia isotópica. Luego, tenemos los electrones. El físico y químico neozelandés Ernest Rutherford demostró que el átomo es algo esencialmente vacío. Para hacernos una idea, el escritor Joel Ley explicaba, en su libro *100 analogías científicas* (2011), que si tuviéramos un átomo tan grande como para ocupar el volumen de una catedral, el núcleo sería como una abeja que zumbara por en medio y los electrones estarían dando vueltas alrededor de las torres y el suelo. Para localizarlo, si un átomo fuera la catedral de Santiago, el núcleo sería una mosca en el botafumeiro y los electrones estarían dando vueltas por fuera sin chocar ni siquiera con las torres del Obradoiro. Los electrones no siguen trayectorias determinadas, sino que se mueven por una zona llamada orbital. Cuando dos átomos se enlazan para crear una molécula, una parte de estos electrones, los más alejados del núcleo, se reubican e interaccionan entre ellos para que los átomos se queden unidos. En un caso, dan lugar a orbitales nuevos compartidos entre los dos átomos (como ocurre con los átomos que forman la molécula de aceite); en otros, simplemente el hecho de que sobren o falten electrones da al átomo una carga positiva o negativa y eso hace que se ordenen y se unan entre sí, aunque de forma más débil (por ejemplo, en un cristal de sal). Y lo creáis o no, todo esto de los orbitales y la estructura atómica sirve para resolver crímenes.

## Análisis de elementos. Los criminales también están hechos de átomos

Podemos analizar la presencia de un elemento químico gracias a que el cielo es azul y existe el arco iris. No, no acabo de ver cuatro temporadas seguidas de *Los osos amorosos* ni me he tragado una botella de Mimosín, he hecho una afirmación absolutamente exacta. No es broma.

La luz que nos llega del sol, la luz blanca, es la suma de luces de diferentes longitudes de onda. Y tiene una particularidad. Cada electrón de cada átomo tiene una longitud de onda determinada a la cual se excita (no es cosa mía, en química se llama así) y pasa a un orbital distinto del que le corresponde absorbiendo una determinada cantidad de energía. Cuando vuelven a su estado normal, los electrones emiten esa energía que han absorbido en forma de luz. Eso nos permite saber, utilizando la luz, qué cantidad de un átomo hay en una muestra.

A efectos prácticos: queremos saber si una muestra contiene cierto átomo. Si quemas la muestra, la luz emitida dependerá de la composición, ya que al reaccionar con el oxígeno los electrones se excitan por la energía de la reacción y, al volver a su estado original, emiten luz con una determinada longitud de onda. Puedes quemar la muestra en un aparato con un detector que te permita ver la luz emitida en determinada longitud de onda, es lo que denominamos espectroscopia de emisión atómica. También puedes hacer otra cosa. Si vaporizas la muestra y haces pasar luz de una longitud de onda determinada, los electrones que se exciten a esa longitud de onda la absorberán y se excitarán y, así, en el detector verás que hay menos luz que la que tú has emitido. A este método lo llamamos espectroscopia de absorción atómica. Además, si se emite o se absorbe mucha luz, es que hay mucha muestra, y viceversa, lo que implica que puedes cuantificar la cantidad de cada átomo en la muestra y calcular la existente en la fuente original. Y doy fe de primera mano de cómo funciona esta técnica porque me pasé todo el proceso de investigación para mi tesis doctoral pegado a un espectrofotómetro Varian midiendo muestras de sodio, potasio, litio y rubidio.

> Un electrón en un nivel energético superior al que le corresponde es un electrón excitado. Otra definición química: cuando en una molécula varios orbitales se fusionan y los electrones circulan libremente entre ellos, se les llama orbitales degenerados. No me preguntéis en qué pensaban los padres de la química, aunque, conociendo la biografía de Erwin Schrödinger y su querencia por las mujeres, me hago una idea.

Lo de que cada elemento da luz de un color determinado al quemarse ¿os suena de algo? ¿Alguna aplicación práctica con algo que se quema y salen lucecitas de colores? Venga, una pista. Piensa en Rita Barberá y en el *caloret*, que se dio durante el acto que daba inicio a las Fallas, fiesta famosa por... Exacto, has acertado: la pirotecnia. Los diferentes colores de los fuegos artificiales se deben al uso de diferentes elementos químicos: el sodio da un color anaranjado; el calcio, entre rojo y amarillo; el bario, verde manzana; el cobre, verde; el litio, rojo, y el potasio, un color tirando a lila. En el próximo castillo de fuegos artificiales puedes entretenerte repasando la tabla periódica y la longitud de onda de análisis espectroscópico de cada elemento. Algunos lo hacemos.

Dejando los petardos para las Fallas y volviendo a la ciencia forense, el análisis de elementos ha servido para solucionar bastantes crímenes. Quizá el más llamativo sea el que ocurrió en el año 2002 en una finca privada de Noble, Georgia, Estados Unidos, donde aparecieron 334 cuerpos, esparcidos por el suelo, en diferentes estados de conservación y disposiciones. Los cuerpos no presentaban señales de violencia y, lo más curioso, en la zona no se había presentado un número de denuncias por desaparición alarmantemente alto. ¿Qué estaba pasando? El propietario de la finca era el gerente de la funeraria que abarcaba los tres estados limítrofes. Para ahorrar los costes de la cremación de los cuerpos y aumentar los beneficios, simplemente almacenaba los cuerpos en su finca, dejándolos tirados de cualquier manera. Siguiente problema. Los familiares habían pagado por los servicios funerarios, y habían recibido los restos de sus difuntos. Pero los investigadores comprobaron que la cantidad de ceniza recibida era anormalmente baja. ¿Qué había ocurrido? ¿Incineraba a uno y lo repartía entre varias familias? Pues no, parece que aplicó una política de recortes comparable a la del Gobierno español en ciencia. Fue mucho más radical, como denunció un análisis espectroscópico. El cuerpo humano tiene una cantidad muy baja de silicio, que apenas representa el uno por ciento. En las muestras de ceniza de los presuntos familiares se encontró que la cantidad de silicio era del veinte por ciento, un porcentaje que correspondía a cenizas de origen vegetal. Lo que sus familiares se estaban llevando a casa eran los restos de la barbacoa. Hay un capítulo de *CSI* que se basa en este hecho, pero lo suaviza mucho, ya que habla de un funerario que los abandonaba en contenedores para revender los ataúdes.

El problema de las técnicas de espectroscopia de absorción y emisión es que solo puedes analizar los elementos uno a uno y que te cargas la muestra, pues el análisis se basa en quemarla. Existe una alternativa, el análisis por activación de neutrones. Este análisis se basa en someter la muestra a un flujo de neutrones, de manera que algunos de ellos serán absorbidos por los átomos, creando isótopos inestables. Al volver a su estado basal, se produce una desintegración que emite una radiación de tipo gamma propia de cada elemento y fácilmente medible. La ventaja de este método es que se analiza toda la composición a la vez y que la muestra es estable, es decir, no se degrada por el análisis. Esta técnica es útil para muestras valiosas o muy pequeñas, ya que tiene una sensibilidad del orden de microgramos para el zirconio (un microgramo es la millonésima parte de un gramo), pero de picogramos para el manganeso (la millonésima parte de un microgramo, es decir, la billonésima parte de un gramo). Se puede utilizar para determinar, incluso aunque haya pasado tiempo, si alguien ha disparado, ya que los disparos suelen dejar restos de elementos poco comunes como bario o antimonio, que se detectan fácilmente por esta técnica aunque las cantidades sean ínfimas. El problema es que, para realizar este análisis, necesitas una fuente de neutrones, lo que no siempre es fácil de conseguir.

## Análisis de isótopos estables. Tu vida en tus neutrones

Aquí no se acaba la utilidad del análisis de los elementos. Un mismo elemento puede tener diferentes pesos debido a la existencia de distintos isótopos, es decir, que tienen el mismo número de protones pero diferente número de neutrones. Algunos de esos isótopos son radiactivos y al desintegrarse emiten energía, lo que nos permite medirlos directamente como ocurre con el carbono 14 que ya expliqué en el capítulo dedicado a la antropología. Otros isótopos son estables, es decir, no se descomponen ni emiten radiactividad y su estudio tiene numerosas aplicaciones en la ciencia forense. Veamos un ejemplo. El azúcar de mesa puede provenir de la remolacha o de la caña de azúcar. Ambos azúcares son indistinguibles en la mayoría de los métodos de análisis. Pero la forma en la que se produce ese azúcar dentro de la remolacha o la caña es diferente, ya que cada uno de estos sistemas utiliza de forma preferente un isótopo de carbono en concreto. Un análisis de isótopos estables distingue perfectamente si el azúcar proviene de la caña o de remolacha, mientras que los otros métodos no pueden llegar a distinguirlos o bien no alcanzan el nivel de precisión necesario. Por cierto, que la organización internacional de química, la IUPAC, tiene una comisión que se dedica solamente a publicar listas oficiales de pesos atómicos y de proporciones de isótopos, actualizando los datos cada año.[1]

¿Y aquí dónde entra la ciencia forense? A efectos prácticos, lo importante es que la composición isotópica de dos materiales con los mismos elementos puede variar por tener un origen diferente o haberse utilizado métodos de producción distintos, lo cual nos da una utilidad brutal en la ciencia forense, ya que dos materiales iguales, pero fabricados en sitios diferentes, no tendrán los mismos isótopos.

Por ejemplo: en la lucha contra el narcotráfico, podemos averiguar qué partidas de droga tienen el mismo origen, ya se trate de sustancias de origen natural como la cocaína o la heroína o bien de drogas sintéticas como el éxtasis. También sirve para estudiar muestras de material inorgánico como pintura, suelos o incluso cerillas. El análisis de los isótopos de hidrógeno y oxígeno se ha utilizado para averiguar si las cerillas halladas en la casa de un sospechoso cuadraban con las encontradas en el lugar del crimen.

Otro de los usos más sorprendentes es la identificación del origen geográfico de un cadáver. Gran parte de los átomos de hidrógeno que tenemos en el cuerpo provienen del agua que bebemos. No todo el mundo bebe agua de la misma calidad, solo hay que probar la que sale del grifo en Madrid, en Granada o en Valencia, por no hablar de Denia, donde durante

1. <http://www.iupac.org/home/about/members-and-committees/db/division-committee.html?tx_wfqbe_pi1%5bpublicid%5d=210>.

toda mi infancia no era potable por tener demasiada sal. Acabo de contarte que uno de los factores para que cambie el porcentaje isotópico es la evaporación, que favorece a los isótopos más ligeros. Por eso la gente que beba agua procedente del deshielo o de cerca del nacimiento de los ríos tendrá un porcentaje de isótopos de H y de O muy diferente al de aquellos a los que les llega desde un embalse o con cierta proporción de agua de mar. Luego eso se puede medir y puede ayudar a determinar la procedencia de un cadáver. Pero no solo bebemos. Hay otra cosa más divertida. La dieta estadounidense es muy rica en azúcares, demasiado, por eso su nivel de obesidad y de diabetes está disparado respecto al de Europa... aunque estamos recuperando terreno. La producción de azúcares en Estados Unidos procede principalmente de la caña de azúcar y del maíz. En Europa no consumimos tanto azúcar, y una parte importante viene de la remolacha. Eso hace que las proporciones de isótopos de carbono sea diferente entre los estadounidenses y los europeos. De la misma forma, la composición de isótopos de nitrógeno puede indicarnos si la dieta de alguien es predominantemente vegetariana o carnívora. Si tomamos todos estos detalles en consideración, nos ayudarán a hacer una identificación o dar pistas muy valiosas en una investigación criminal.

Veamos un caso real. La Garda, la policía irlandesa, encuentra el cadáver decapitado de un hombre de raza negra de entre treinta y cinco y cuarenta años de edad, sin ninguna pista más. Se solicita un análisis completo de isótopos estables. Para empezar, se miden los componentes isotópicos de las uñas y del pelo. Tanto unas como otro crecen y nos los vamos cortando, y el material del que están formados se obtiene de la dieta. Al crecer con bastante rapidez, las uñas y el pelo nos dan una indicación de dónde ha estado recientemente su propietario. El resultado no dio diferencias respecto a los datos de alguien que viviera en Dublín, por lo que se estableció que, en su último año de vida, el desconocido había vivido en Irlanda. Lo siguiente fue comparar la parte interna del fémur con la externa. El fémur, como todos los huesos, se regenera, pero lo hace muy lentamente, de forma que la parte interior es la más nueva y la exterior, la más antigua. La interior confirmó que vivía en Irlanda, pero, en cambio, la parte más vieja dio una proporción diferente, típica de las regiones costeras cercanas al ecuador. Calculando el tiempo de recambio del hueso, se pudo determinar que había residido en Irlanda en los últimos siete u ocho años. Al comparar estos datos con los rasgos del cadáver, se determinó que venía de una zona de África ecuatorial, como se confirmó finalmente cuando se resolvió el caso. En realidad, la víctima procedía de una zona en la frontera entre Kenia y Somalia.

Incluso se puede apuntar mejor. Hay un elemento, el estroncio, cuyo radio isotópico cambia mucho. Esto se debe a que hay un elemento radiactivo, el rubidio 87, que al desintegrarse forma estroncio 87 que ya no es radiactivo. Si el suelo está formado de rocas más viejas, se habrá descompuesto mucho rubidio y la relación entre el estroncio 87 y los dos isótopos más frecuentes (el 86 y el 88) será alta, mientras que si el suelo es más joven (por ejemplo, por estar cerca de un volcán o de la cumbre de una montaña), la relación será más baja. El estroncio no tiene función biológica, pero se acumula en los huesos y dientes. En estos últimos lo hace principalmente en la infancia, después de que se caigan los dientes de leche y se formen los definitivos, mientras que en los huesos refleja los últimos diez años de vida más o menos (depende del hueso). Por eso la medida de los isótopos de estroncio es muy útil para medir migraciones (ya sea de animales o humanas). Este método se ha utilizado para identificar cadáveres de la guerra de Vietnam[2] y gracias a él se pudo saber también que el Hom-

2. Regan. L. A., *Isotopic determination of region of origin in modern peoples: applications for identification of U.S. war-dead from the Vietnam conflict*. Tesis doctoral, Universidad de Florida, 2006.

bre de Hielo de los Alpes (Ötzi) había vivido de joven en los alrededores de Bolzano, en Italia, y que de adulto se estableció a unos cincuenta kilómetros de donde fue encontrado. Por cierto, ahora que lo pienso, mientras preparaba mi tesis doctoral (ese periodo de la vida en el que te sientes afortunado si puedes cobrar seiscientos euros al mes, sin ningún tipo de derecho laboral, paro, cotización a la seguridad social o contrato) también estuve midiendo rubidio radiactivo, por lo que seguro que incorporé más estroncio 87 en mi cuerpo serrano que la gente de mi entorno que no se gana la vida haciendo cosas tan raras. Desde luego, entre lo del carbono 14 y lo del estroncio 87, como mi cadáver aparezca en algún sitio raro, los arqueólogos o los antropólogos forenses que den con mis huesos se van a divertir.

## Separar moléculas

Hasta ahora hemos visto cómo funcionan los métodos de análisis para estudiar átomos, es decir, los componentes últimos de la materia. Pero, en ciertas ocasiones, no queremos llegar a ese nivel. Los componentes atómicos principales de la materia viva son carbono, hidrógeno, oxígeno, nitrógeno, fósforo y azufre. Si solo hiciéramos análisis de átomos, esto sería lo que veríamos en la mayoría de las moléculas presentes en la escena del crimen, pero, evidentemente, no es lo mismo cuando estos elementos están presentes en una mancha de sangre, en un veneno, en una droga o en el resto de un explosivo. Todos estos compuestos darán resultados muy parecidos en un análisis de átomos, pero diferentes si analizamos las moléculas que los componen.

Para empezar, lo primero que tenemos que saber es si tenemos una mezcla de moléculas y queremos separarlas o, en cambio, tenemos una sola molécula y queremos saber qué es en concreto. Empezamos por las mezclas.

Para separar una mezcla lo más usual es hacer una cromatografía y, entre ellas, las de capa fina son las más sencillas. Lo de cromatografía suena muy bonito, como a fotografía en colores. Hace referencia a sus orígenes históricos. El nombre lo acuñó el botánico ruso Mijaíl Tsweet puesto que lo utilizó para separar pigmentos vegetales y el resultado de la cromatografía fueron diferentes bandas de colores. A grandes rasgos, consiste en coger una tira de papel (técnicamente, celulosa) o una matriz de sílice u óxido de aluminio, y diluir la muestra en alcohol u otros disolventes según las moléculas que queramos separar. Al estar la tira de papel seca, por capilaridad absorberá el líquido y las moléculas que contiene, pero estas no se moverán a la misma velocidad. Los componentes de la mezcla original se separarán en diferentes manchas. En la ciencia forense se utiliza esta técnica para el estudio de drogas, explosivos, tintas o colorantes. Por ejemplo, para comparar dos tintas provenientes de diferentes cartas se puede hacer una cromatografía de capa fina y ver si dan el mismo patrón y saber, por ejemplo, si dos notas de rescate han sido escritas con el mismo bolígrafo.

Sigamos con la misma idea. Puesto que las moléculas de una mezcla se mueven de forma diferente en diferentes medios, la cromatografía se puede desarrollar de diferentes maneras en función de lo que quieras analizar. Muchas técnicas no necesitan capilaridad, sino que la muestra simplemente se deja caer por gravedad en una columna que separa las moléculas en función de la carga eléctrica o del tamaño. También puedes poner una molécula que de forma específica reconozca a otra, de manera que la atrape únicamente a ella mientras atraviesa la columna e ignore al resto. Esto último se llama cromatografía de afinidad, y se utiliza en los tests rápidos para detectar drogas, explosivos o si la muestra de sangre es humana.

La cromatografía líquida se puede mejorar si, en vez de poner la muestra en una columna y dejar que caiga por gravedad, tomamos una bomba de presión y un inyector y hacemos que la mezcla pase por una columna de acero a alta presión y, al final del recorrido, ponemos un detector que analice de forma continua lo que sale de ella. Esta cromatografía líquida de alto rendimiento (*High Performance Liquid Chromatography* o HPLC) es mucho más eficaz a la hora de separar mezclas complicadas. En casos en que las muestras son volátiles (como ocurre, por ejemplo, con muchos explosivos) se puede utilizar la cromatografía de gases, basada en el mismo principio, pero las muestras no se disuelven en líquido sino que directamente están en fase gaseosa y se separan los diferentes componentes del gas. Normalmente estos métodos son los que se utilizan para detectar muestras muy pequeñas de drogas. Además tiene la ventaja de que permite detectar muy bien las impurezas que contienen estas sustancias. Las impurezas dan información muy valiosa sobre el método de producción o de transporte y pueden indicar quién es el fabricante de esa partida. Por cierto, por mi experiencia con los alumnos, cuando he dicho columnas de acero, bombas de presión y detectores, igual os estáis haciendo la imagen mental de un complejo industrial como los altos hornos de Sagunto antes de la reconversión (que todavía están esperando a ver en qué se convierten, más bien pareció una liquidación). Nada más lejos de la realidad. Una columna de HPLC tiene unos 10-15 cm de longitud y 1-2 cm de diámetro, mientras que una columna de gases es una especie de serpentín de 15-20 vueltas que cabe en la palma de la mano. El equipo completo de columna, bomba y detector cabría perfectamente en la encimera de cualquier cocina de un piso de protección oficial de los años setenta. En general, cuando, después de haberlo explicado en clase los alumnos lo ven en el laboratorio de prácticas, siempre ponen la típica cara de «¿esto era...?».

### Identificar muestras. ¿Esto qué es lo que es?

Hasta aquí hay que tener en cuenta que la cromatografía, del tipo que sea, no te dice qué tipo de molécula es cada una de ellas, solo te las separa. Puedes tener una estimación indirecta utilizando patrones, es decir, una muestra conocida. Si la muestra que estás analizando se comporta igual que el patrón, puedes asumir que es lo mismo. La única que detecta una muestra en concreto son las tiras reactivas, pero su alcance es muy limitado ya que solo son capaces de detectar la molécula (droga, explosivo, hormona del embarazo) para la que han sido diseñadas. No obstante, a medida que la muestra sale de la columna y se va separando, hay diferentes técnicas que sí permiten identificar las moléculas individuales.

Por ejemplo, la espectrografía de infrarrojos se basa en hacer pasar a través de la muestra un haz de rayos infrarrojos, que reaccionarán específicamente con determinados tipos de enlace dando un patrón de absorción determinado, y de esta manera podemos saber qué moléculas están presentes. Toda molécula está constituida por unos átomos enlazados de diferente manera, Por tanto cada molécula, en función de sus enlaces, tendrá un patrón de infrarrojos determinado y esto nos sirve como huella dactilar para identificar diferentes moléculas. Y no solo hablamos de drogas y explosivos. El uso de técnicas de espectroscopia de infrarrojos junto con la difracción de rayos X puede servir, por ejemplo, para estudiar cómo se ha quemado un cadáver. Según la temperatura a la que se queme y las circunstancias, los cristales de hidroxiapatita, el principal componente inorgánico del hueso, pueden cambiar y, de hecho, las altas temperaturas favorecen que crezcan estos cristales. Asimismo, en un hueso intacto sometido a la espectroscopia de infrarrojos aparecen dos bandas debidas al fosfato. Al aumentar la temperatura, estas dos bandas disminuyen de intensidad y aparece una tercera, lo que también sirve de indicación del tiempo y la temperatura a la que se ha sometido el cadáver. Además, según la temperatura del fuego y el porcentaje de grasa del cuerpo, los huesos adquirirán diferente color.

Existe otra técnica que también nos sirve para identificar moléculas desconocidas ya que nos da pistas sobre el peso atómico: la espectrometría de masas. La base teórica es fácil de entender. A ver, seguro que todos habéis visto un tubo fluorescente, ¿no? Los tubos se basan en hacer pasar una corriente eléctrica por un gas que tiene neón, argón y algo de mercurio. La electricidad provocará que se ionice el gas (es decir, que adquiera carga eléctrica porque le quita o le pone electrones) y se forme una corriente de plasma (electrones y átomos con carga positiva que se desplazan de una parte a otra del tubo). Este desplazamiento genera fotones, que a su vez excitan el fósforo que recubre el tubo y este elemento, al recibir energía en una longitud de onda (normalmente ultravioleta), emite en otra (luz visible). No debemos confundir la fluorescencia, o capacidad de emitir energía con una longitud de onda determinada cuando la recibes con otra longitud de onda, con la fosforescencia, que es la capacidad de almacenar y emitir energía en forma de radiación con una longitud de onda determinada. Para entendernos, una sustancia fluorescente, cuando deja de recibir energía, deja de emitir. En una sustancia fosforescente, después de absorber, sigue emitiendo (recuerda que la almacenaba y, después, la emitirá muy despacio y de forma continua). Esto lo saben quienes han tenido un reloj de manecillas antiguo, de aquellos en los que los números brillaban por la noche. Por cierto, que para conseguir este pigmento fosforescente en los relojes antiguos se utilizaba uranio, de modo que hoy no superarían ningún estándar de seguridad por su alto nivel de radiactividad. Todavía en los relojes tenía un pase, pero en las tiendas de recuerdos para turistas te podías encontrar los objetos más inverosímiles con material fosforescente, desde la Virgen de Fátima hasta reproducciones de alienígenas.

Bueno, quedémonos con que tenemos una nube de electrones, que al tener carga negativa irán hacia el polo positivo o cátodo, y otra de moléculas cargadas con carga positiva, las cuales irán hacia el polo negativo o ánodo. Estas partículas pueden ser atraídas por un imán. Haz la prueba en casa: coge un imán (potente), acércalo a un tubo fluorescente (encendido) y verás que la luz llega solo hasta donde está el imán porque las moléculas cargadas, en vez de circular de un extremo a otro, se desvían por el imán. Este efecto también se puede ver en los televisores antiguos, aquellas cajas enormes en las que podías poner encima la foto de la comunión y la flamenquita como recuerdo de las vacaciones en Benidorm. El tamaño era debido a que la imagen se formaba por un tubo de rayos catódicos. Si acercas un imán a la pantalla, verás que la imagen, formada por la superposición de tres colores diferentes, se separa en ellos y forma figuras psicodélicas.

Y ahora llegamos a la ciencia forense. Imagina que por un tubo donde hay un electrodo en cada punto, o sea, un campo eléctrico, haces pasar la molécula ionizada (con uno o varios electrones de menos, lo que le da carga positiva) que quieres identificar. Obviamente, irá hacia el polo negativo. Ahora, imagina que en perpendicular pones un imán, de manera que este la atraerá y la trayectoria recta de la molécula se desviará y se convertirá en una curva. Que la curva sea más o menos pronunciada dependerá de la relación entre la carga molecular y la masa. Cuanta menos masa, más lejos llegará, y cuanta más carga, más la atraerá el imán. Y esto nos permite deducir la masa de la molécula. Existen diferentes mejoras sobre esta técnica, como la ionización por electrospray (ESI) o la disociación inducida por colisión (CID), que sirven para fragmentar moléculas complicadas y analizar el peso de los diferentes fragmentos, lo que permite estudiar mejor cuál era la estructura molecular original.

El laboratorio químico de la policía científica española data del año 1975 y desde 2009 cuenta con un edificio propio en

Canillas (Madrid), aunque existen diferentes instalaciones en otras ciudades. Las tres áreas principales de trabajo son: química general, que engloba el estudio y análisis de muestras de restos de incendios, explosivos, tierras, vidrios, etc.; química toxicológica, que estudia drogas y fármacos de abuso; y química criminalística, dedicada a todo aquello que pueda ayudar a esclarecer los hechos en el momento del juicio oral, desde pinturas de coches implicados en delitos a restos de disparos, fibras, restauración de números troquelados en armas o vehículos, tintas y papel... Además, se cuenta con un sistema informático denominado LIMS (*Laboratory Information Management System*) que integra los datos técnicos con los administrativos (cadena de custodia, responsable del informe...), lo cual permite facilitar la información y evitar errores que puedan desmontar una prueba en un juicio.

## Métodos rápidos: anticuerpos al rescate

Todos estos métodos que he explicado precisan trabajo de laboratorio y equipamiento. Sin embargo, en muchas películas hemos visto que, en la escena del crimen, el propio policía científico coge una especie de palillo o aparatito y dice «es sangre humana», «se trata de droga» o algo parecido. ¿Cómo puede saberlo? Antes he explicado que la cromatografía de afinidad se basa en detectar una molécula en concreto de una mezcla compleja. Esta misma idea se puede «tunear» para conseguir un test que nos permita un análisis rápido de diferentes moléculas, o incluso productos de consumo, como ocurre, por ejemplo, con los tests de embarazo. Por cierto, ¿alguna vez te has preguntado cómo funcionan? Pocos artilugios unen tanto los sentimientos humanos, la biotecnología y la ciencia forense como un test de embarazo. Antiguamente la forma de saber si alguien estaba embarazada era la prueba de la rana o de Galli Mainini. La prueba consistía en inyectarle la orina de la mujer a una rana macho. Si la muestra contenía hormonas propias del embarazo, el bicho reaccionaba y a las tres horas se podían detectar células seminales en su orina debido a que el positivo provocaba la eyaculación (del bicho, no de la mujer). Este método era bastante engorroso. La biotecnología jubiló a las ranas, hizo los ensayos más fiables y, sobre todo, mucho más sencillos y privados, de forma que cualquier mujer los puede realizar en la intimidad de su cuarto de baño. La prueba consiste en detectar una hormona denominada gonadotropina coriónica humana (HCG, por sus siglas en inglés) que se produce en grandes cantidades en el embarazo. ¿Por qué la tira se pone de color si estás embarazada? El truco es que el extremo de la tira contiene anticuerpos contra la HCG, que además están marcados con una bola microscópica de látex coloreado o de oro coloidal. Si esa hormona está presente, los anticuerpos serán capaces de reconocerla entre todas las moléculas que pueblan la orina y se unirán fuertemente a ella, es decir, tenemos una cromatografía de afinidad. A medida que la tira se humedece, los anticuerpos unidos a la HCG se desplazan por la tira empujados por la orina que la va empapando, hasta que llegan a una trampa consistente en otro anticuerpo inmovilizado. Cuando todos los anticuerpos se acumulan en el mismo sitio, puede verse la banda gracias a la bolita que llevan pegada. ¿Qué pasa si el resultado es negativo? El anticuerpo trucado se desplaza por la tira sin encontrar la HCG, por lo que no cae en la trampa. Este mismo sistema, que mucha gente conoce, puede cambiarse poniendo anticuerpos que reconozcan una droga, un explosivo o sangre humana, con lo cual tenemos las pruebas rápidas que nos dicen si están presentes, pero no qué cantidad hay. Por eso, para hacer valoraciones precisas de la cantidad, del origen o de otros aspectos es necesario ir al laboratorio y hacer allí todo lo que os estoy contando en este capítulo. Estos kits solo sirven para saber en la misma escena si tienes un alijo de heroína o si Grissom y Sarah Sidle van a ser papás (no creo, no les veo muy por la labor).

## Análisis de suelos: si matas a alguien, límpiate los zapatos

Una de las aplicaciones más usuales de la química forense es el análisis de suelos, que junto con otras disciplinas como la geología forense nos puede dar pistas muy valiosas para resolver un crimen. Por ejemplo, uno de los campos de interés dentro de la ciencia forense es la tafonomía, el estudio de los enterramientos. En ocasiones, cuando alguien mata a una persona y quiere hacer desaparecer las evidencias, la entierra, lo que implica remover el suelo, alterar sus propiedades y, como dijo Locard, dejar trazas y llevarse trazas. Cuando un cuerpo es enterrado, se deja toda una serie de pistas en él. Como ejemplo, un caso práctico. Enrique *Kiki* Camarena, un agente de la DEA (la agencia antidrogas estadounidense), fue enviado a México en misión especial para hacer frente a los cárteles de la droga. Su cadáver fue encontrado en el rancho de uno de los narcos más famosos de la época. La versión oficial fue que había sido descubierto y ejecutado. No obstante, en una foto del cadáver emitida por televisión, un experto pudo ver que algo no cuadraba. Las manchas de tierra que tenía pegadas en la ropa no correspondían con la de la zona del Rancho Grande, por lo que el primer enterramiento había sido en otro lugar. Esto permitió descubrir que había sido víctima de una trama policial corrupta con implicaciones al más alto nivel que luego intentó atribuir la muerte a un narco rival.[3]

Cada suelo tiene unas características determinadas de color, composición y pH. Otros factores que nos pueden ayudar a caracterizar un suelo son el análisis mecánico (duro, blando, granulado) y la naturaleza de los minerales presentes. En general los componentes del suelo son arena, arcilla, materia

3. Quesada, Juan Diego, «Camarena fue asesinado por la CIA», *El País*, 15 de octubre de 2013, en <http://internacional.elpais.com/internacional/2013/10/15/actualidad/1381793663_393256.html>.

orgánica o sedimentos, cuyas proporciones y composiciones varían. Cada uno de estos componentes tiene unas propiedades específicas, lo que nos permite identificarlos por diferentes métodos.

Para estudiar suelos podemos utilizar la difracción de rayos X, una técnica que se basa en enviar un haz de esta radiación a una muestra. Algunos materiales ordenan sus átomos de manera regular. Cuando el material analizado recibe un haz de rayos X, este choca con los átomos, que desvían su trayectoria (se difractan) y, como están ordenados, la difracción también se produce de forma regular. Si se estudia la forma en la que se han difractado los átomos, podemos tener una idea de su ordenación y, por tanto, de la composición del suelo o del material estudiado. La famosa estructura de la doble hélice de Watson y Crick se descifró a partir de un estudio de difracción de rayos X hecho por Rosalind Franklin.

Otra técnica para estudiar un suelo es analizar la composición de sus gránulos, y para eso se puede utilizar la microscopia electrónica de barrido, que te permite observar los gránulos del suelo y comparar si dos muestras son iguales o diferentes.

Independientemente de estas técnicas, una forma muy rápida y visual para comparar diferentes muestras de suelos es la densitometría. Consiste en preparar una solución en gradiente de densidad. Para que nos entendamos, imagina una imagen cuya parte superior sea negra mientras que la inferior es blanca y, en vez de cambiar de un color al otro de repente, el negro se va degradando y pasa por todos los tonos de gris hasta llegar al blanco, de forma que no hay una transición brusca. Esto sería un gradiente de color. En una densitometría hacemos un gradiente de densidades, de forma que el fondo del tubo de ensayo es muy denso y el contenido de la parte superior es menos denso. El suelo es una mezcla compleja de diferentes componentes. Para someter una muestra de tierra a un gradiente de densidades, la centrifugamos de manera que cada uno de sus componentes se hundirá hasta llegar a la parte del tubo que tenga exactamente su misma densidad. Ahí se quedará parada, y el tubo mostrará bandas que representan cada uno de los componentes. Si podemos aislar muestras de tierra de, por ejemplo, la ropa del cadáver o de algún instrumento relacionado con el crimen (una pala para enterrar) y la comparamos con diferentes muestras de los sitios donde se sospecha que sucedió el crimen, el patrón de bandas que aparezca en este análisis debe ser el mismo. Y al contrario, si la tierra encontrada en los bolsillos del cadáver, por ejemplo, no coincide con la tierra de alrededor, esto implica que fue enterrado originalmente en otro lugar.

Los restos de arena de una pala estuvieron detrás de uno de los golpes a la mafia en la década de 1990. Tommy *Karate* Pitera era uno de los liquidadores favoritos de la familia Bonanno, que tradicionalmente controlaba la zona de Nueva York. Pitera era conocido por su afición a las películas de artes marciales y por practicarlas con sus víctimas antes de liquidarlas. Básicamente hacía todo el trabajo sucio para la familia, como eliminar soplones o interceptar envíos de droga y dinero de familias rivales. Parece ser que no interiorizó aquello de «karate solo defensa» que el señor Miyagi le decía a un adolescente Ralph Macchio en *Karate Kid* (John G. Avildsen, 1984). Por cierto, la actriz que encarna a la novia del protagonista en la primera película, Elizabeth Shue, interpreta a la agente Julie Finlay en las temporadas 13, 14 y 15 (más una aparición en la 12) de *CSI Las Vegas*. Volvamos a Pitera. Para conseguir que John Gotti, el *capo di tutti capi* en el Nueva York de los años ochenta, lo contratase, Pitera empezó a eliminar a la gente que le resultaba molesta con el fin de congraciarse con él. La prueba definitiva de su incriminación fue que la pala que guardaba en el coche conservaba restos de tierra de la fosa común donde se encontró a siete de sus víctimas.

## Geología forense: no rompas las capas

Hay ocasiones en que el análisis de suelos no se hace por métodos químicos, sino por métodos geológicos. Estudiando las características del suelo se pueden encontrar fosas comunes o enterramientos. Conocer las particularidades del suelo es útil para encontrar dónde hay un enterramiento o incluso un yacimiento arqueológico. El suelo suele estar formado por la acumulación sucesiva de sedimentos que van formando capas o estratos. Esto se aprecia muy bien cuando vamos por una autopista y pasamos por una colina que han cortado para construir la vía. El corte geológico muestra diversas capas donde a simple vista se observa su diferente composición puesto que los colores varían de una a otra. En general, el suelo, hacia abajo, presenta una regularidad y una ordenación. Si el suelo ha sido alterado, para enterrar un cadáver, por ejemplo, se rompe esta ordenación y las huellas perduran durante milenios. Si el enterramiento es reciente, a simple vista se ve un parche con diferente textura o color. No obstante, la capa más superficial cicatriza pronto y enseguida se cubre de vegetación, o el viento disimula las señales y en pocas semanas las huellas externas del enterramiento desaparecen. En los últimos años, debido a las grandes injusticias del siglo XX, se ha hecho mucha investigación sobre fosas comunes. A los pocos años de la caída del régimen argentino ya había equipos de investigación llegados de fuera tratando de encontrar los restos de los desaparecidos, y lo mismo pasó en la extinta Yugoslavia. Como en todas partes, ¿no? Bueno, ya lo decía el lema acuñado durante el franquismo, *Spain is different*... y qué razón tenía.

Las fosas comunes o los enterramientos se pueden observar a simple vista si las alteraciones en el suelo no han acabado de borrarse; excavando superficialmente, haciendo cortes, para tratar de encontrar alteraciones en el perfil de sedimentos; o haciendo catas, para ver el perfil litológico o la estratigrafía. También se puede utilizar ayuda tecnológica, como el georradar o la medida de la conductividad eléctrica, para detectar alteraciones en el suelo que nos indiquen posibles enterramientos.

En algunos casos la ayuda viene de la biología. Cuando se produce un enterramiento, la tierra se descompacta. Esa descompactación puede mantenerse durante mucho tiempo. Esta ventaja puede ser utilizada por algunos insectos como las hormigas, que no son bobas y prefieren hacer los nidos donde la tierra está más suelta porque así tienen que hacer menos esfuerzo para excavar. En sus memorias, William Bass cuenta que estuvo investigando las tumbas de los arikara, una tribu de indios exterminada por los sioux, y descubrió que los enterramientos estaban justo debajo de las entradas de los hormigueros. Además, eran fáciles de localizar porque las hormigas solían utilizar huesecillos de los cadáveres y las cuentas o abalorios de los trajes funerarios en la construcción de la entrada. Simplemente siguiendo a las hormigas, estas les llevaban a las tumbas.

Hay numerosos crímenes que se han resuelto por haber encontrado el lugar de enterramiento del cadáver, sin ir más lejos, el de las niñas de Alcácer. En ocasiones los criminales son tan comodones que utilizan su propia casa, como Fred y Rose West, que entre 1967 y 1987 torturaron, violaron y asesinaron a diez jóvenes, más a una esposa anterior de Fred y a una hija que tuvo con esta, y las enterraron en su propia casa. Las sospechas de la policía surgieron por las acusaciones de una de sus hijas, que dijo que Fred la había violado, aunque luego se retractó. No obstante, un registro permitió descubrir los enterramientos en el jardín. Dado que los británicos son muy dados a los recuerdos macabros, la decisión del ayuntamiento fue demoler la casa y construir sobre ella un vial, y además quemar todas las vigas y triturar todos los ladrillos para que nadie pueda comerciar con los restos de la que se denominó «la Casa de los Horrores». En España hemos tenido una versión más castiza, la de «el Jardín de los Horrores» de Castellón (lo raro es que no lo bautizaran como «la Ciudad de los Horrores), protagonizada por Emilio Pellicer Arias, el *Petxina*, y Rafael Romero Leiva, el *Cojo*. Aunque se pensó que habían matado a varias personas, al final solo se pudo demostrar un asesinato, el de Enrique Benavent.[4]

Gracias a técnicas de geología forense, sabemos que en Estados Unidos hay cinco ataúdes de plomo y no dos. Parece una tontería, pero enterrarse en un ataúd de plomo era caro y un privilegio reservado a los nobles del que no podían disfrutar los primeros colonos. Los dos únicos que se pensaba que existían eran los de sir Lionel Copley y lady Ann Copley, los primeros gobernadores de Maryland, fallecidos en 1693 y 1692 respectivamente. Sin embargo, había alguno más. El primer asentamiento en Maryland fue establecido en 1634 por Cecil Calvert, un noble católico que recibió la encomienda de Carlos I de Inglaterra. Calvert era católico. Una de sus primeras decisiones fue encargar a los jesuitas la construcción de una iglesia católica. Aunque en Maryland se había declarado la libertad religiosa, el catolicismo fue prohibido en 1704 y la capilla fue destrozada. Sobre los terrenos en los que se asentaba se cultivó tabaco y trigo en los siguientes dos siglos. Con la ayuda de un georradar, los arqueólogos descubrieron los asentamientos de la antigua iglesia y varias masas que cuadraban con la densidad del plomo. Se encontraron tres ataúdes con los restos de un hombre de cuarenta y cinco años de edad, una mujer de unos sesenta y una niña de seis meses. Por el análisis del polen se supo que el hombre había sido enterrado en invierno y la bebé en primavera. En cambio, la mujer murió en otoño. Por los do-

4. «Un secreto oculto bajo tierra», *Las Provincias*, 6 de noviembre de 2011, en <http://www.lasprovincias.es/v/20111106/castellon/secreto-oculto-bajo-tierra-20111106.html>.

cumentos históricos se pudo trazar que el hombre era Philip Calvert, hermano del fundador de la colonia y que ejerció como juez y gobernador. El cadáver de la mujer se identificó como el de su esposa, Anne Wolseley Calvert. El problema era la niña, ya que los registros indicaban que murió sin descendencia. Se supo que Anne falleció antes que su esposo y que este se casó con una mujer más joven, Jane Sewell, en un matrimonio que fue breve, pues Calvert murió poco tiempo después y su viuda volvió a Gran Bretaña. Por eliminación, solo puede ser una hija nacida de ese efímero matrimonio. Así fue como la geología forense ayudó a reconstruir la historia de Maryland.

## Caso real: Patricia Stallings o los químicos también ven la tele

No hay crimen que más repulsa social desate que cuando una madre atenta contra sus hijos. Como mamíferos, estamos programados genéticamente para proteger a nuestras crías. Por eso ver cachorros de cualquier especie nos despierta esos sentimientos de ternura. Existen casos en los que, debido a la depresión posparto, la madre focaliza en su hijo toda la tensión y angustia acumuladas, cuya expresión puede ser violenta (algo así sucedió en La Seca [Valladolid] en 1971, donde una madre atacó a su hijo clavándole agujas). Por eso, cuando Patricia Stallings fue acusada de envenenar a su hijo, no hubo ningún atenuante por enajenación mental transitoria.

Verano de 1989. Los Stallings eran una pareja normal que acababan de ser padres por primera vez y pasaban las vacaciones en su casa del lago, como otras muchas familias estadounidenses. Sin embargo, la salud del pequeño Ryan, nacido en primavera, parecía no ir bien. Un viernes, el bebé vomitó después de un biberón, aunque luego mejoró. Sin embargo, el domingo ni siquiera pudo comer. Pasó el día aletargado y respirando con dificultad. Preocupados, acudieron al médico. Desconcertado, el médico ordena un análisis de sangre y, para su sorpresa, encuentra etilenglicol.

El etilenglicol es el compuesto principal de los anticongelantes que se utilizan para los coches y calefacciones en climas fríos. Si el niño tenía esta molécula en la sangre era porque alguien se la había puesto en el biberón, por lo que todo apuntaba a un envenenamiento intencionado. El juez adoptó medidas cautelares mientras se resolvía el caso y el niño quedó en custodia tutelada. En una de las visitas autorizadas la madre volvió a darle un biberón a su hijo. A los tres días, Ryan tuvo una crisis y los esfuerzos del hospital por salvarle fueron infructuosos. El bebe murió.

La investigación fue rápida. La autopsia desveló restos de etilenglicol en la sangre y cristales de oxalato en los pulmones. El oxalato es el producto que queda cuando el cuerpo trata de metabolizar el anticongelante. Además, se encontró una botella de anticongelante en el sótano de los Stallings y restos en el biberón, por lo que el envenenamiento por parte de la madre parecía claro. Solo quedaba una duda: ¿cuál era el móvil? Los Stallings eran una familia normal, pero el fiscal apuntó que Patricia podía padecer el síndrome de Münchhausen, un trastorno psiquiátrico que hace que el paciente simule estar enfermo o reproduzca síntomas para llamar la atención. Sin embargo, en este caso, en vez de autolesionarse la madre había decidido lesionar a su hijo... hasta que se le fue la mano. El jurado popular fue implacable. Patricia fue considerada culpable de homicidio en primer grado y condenada a cadena perpetua. Su suerte parecía echada. O no.

Una circunstancia precipitó un desenlace contrario al esperado. Cuando murió Ryan, Patricia estaba embarazada de tres meses. El pequeño David nació y fue dado en adopción por el estado, pero a los pocos meses empezó a mostrar síntomas similares a los de su hermano. Estaba claro que ahora no podía ser su madre la culpable. Un análisis genético desveló que el pequeño David sufría una acidemia metilmalónica (AMM), una enfermedad genética que sufren menos de una persona de cada cincuenta mil. Los que padecen esta enfermedad son incapaces de metabolizar correctamente las proteínas de la dieta y se acumula ácido metilmalónico. Esto puede suceder también en casos de falta de vitamina $B_{12}$. ¿Y cuáles son los síntomas de esta enfermedad? Pues exactamente los mismos que los de un envenenamiento por anticongelante.

Los bioquímicos William Sly y James Shoemaker, de la Universidad de San Luis (Missouri), se enteraron del caso porque lo vieron en el programa *Misterios sin resolver*. Les parecía estadísticamente imposible que un niño con un veinticinco por ciento de posibilidades de sufrir AMM hubiera sido envenenado con algo que produce los mismos síntomas que la enfermedad que padece su hermano. Sin embargo los análisis forenses habían encontrado etilenglicol en la sangre de Ryan, una molécula que no tiene nada que ver con el ácido metilmalónico. Solicitaron realizar un segundo análisis. Y, por sorpresa, no encontraron etilenglicol. De alguna manera los laboratorios forenses habían fallado, quizá influidos por el eco mediático del caso.

Para poner a prueba su hipótesis del fallo en los análisis, enviaron muestras de sangre contaminadas con ácido metilmalónico a siete de los laboratorios forenses acreditados. El resultado en tres de ellos fue que la sangre contenía anticongelante, algo que sabían que era falso. ¿Cómo pudo fallar tan estrepitosamente el análisis? El análisis se hacía por cromatografía de gases, un método de separación. La identidad de la molécula se establece por comparación con un patrón. El acido metilmalónico era irrelevante desde el punto de vista forense, por lo cual no estaba presente en la mayoría de los patrones que se utilizaban para calibrar los aparatos o comparar las muestras. Esta molécula se detecta en un cromatograma en la misma zona en la que aparece el etilenglicol, por eso fue identificada incorrectamente.

Aquí es donde entra en juego el sesgo del analista. Un analista concienzudo, al ver una mínima discrepancia de la muestra con el patrón de etilenglicol, hubiera debido repetir el análisis o buscar una biblioteca de patrones mayor para ver si esa señal podía cuadrar con otra molécula. Hoy en día, pediría que el análisis se hiciera por espectrometría de masas, un método que permite identificar la molécula. No obstante, dado que todos los aparatos tienen cierto error y que el caso tenía mucho eco mediático, lo más razonable y sencillo era achacar la discrepancia al error experimental y decidir que la muestra contenía anticongelante. No hemos de olvidar que los que hacen los análisis son personas, que también ven las noticias y este caso tuvo muchísima cobertura mediática.

Los hallazgos de estos dos bioquímicos, apuntando a un error en los análisis, desconcertaron a la fiscalía que pidió una segunda opinión. Piero Rinaldo, experto en enfermedades genéticas de la Universidad de Yale, confirmó que Ryan sufría una enfermedad genética y no un envenenamiento con anticongelante. Posiblemente su fallecimiento fue debido al tratamiento en el hospital. Un envenenamiento con anticongelante se trata con etanol, pero en un paciente con AMM esta sustancia se convierte en oxalato, que precipita en combinación con el calcio de la sangre y se acumula en el pulmón y en el riñón. Estos cristales son, en última instancia, los causantes de la muerte. Finalmente se demostró que el análisis en el que se encontraron trazas de anticongelante en el biberón también fue fallido. Ante la evidencia, la fiscalía retiró los cargos y Patricia Stallings quedó en libertad.

Hoy, el caso de Stallings está referenciado en casi todos los libros de bioquímica como un fallo de la ciencia o, mejor dicho, una interpretación sesgada de los resultados. Pero una cosa son los errores y otra la pseudociencia.

## Capítulo 9

# PSEUDOCIENCIA FORENSE. NO ES CIENCIA TODO LO QUE LLEGA AL JUICIO

Como todos los campos de la ciencia, la investigación forense no se libra de haber cometido errores. Técnicas que en algún momento estuvieron en uso, se demostró que estaban desprovistas del más mínimo rigor, o a veces se llegó a condenar a inocentes basándose en pruebas supuestamente sólidas, cuando en realidad no lo eran porque la técnica utilizada no tenía la menor funcionalidad. Tener claro los errores sirve para que no vuelvan a suceder. Por tanto, este libro no podía estar completo sin hacer un repaso por todo aquello que en su momento se dio por bueno y ahora no lo es o está muy cuestionado.

### Nadie tiene aspecto de criminal

El italiano Cesare Lombroso —pseudónimo de Ezechia Marco Lombroso— creó toda una doctrina, llamada «criminología positiva», según la cual la tendencia a delinquir era innata debido a condicionantes genéticos y biológicos. De esta forma, aplicando su doctrina era capaz de predecir si una persona iba a ser un delincuente o no. Su teoría se basaba en determinadas características físicas, como la distancia entre los ojos o llevar tatuajes, e implicaba que alguien era maleante de nacimiento. El inglés Francis Galton también se interesó por esta premisa y, de hecho, su estudio profundo de las huellas dactilares tenía por finalidad hallar patrones en ellas que sirvieran para identificar criminales, algo que no encontró. Anteriormente, Franz Joseph Gall había desarrollado la frenología, una doctrina que asumía que se podían determinar rasgos del comportamiento según la forma del cráneo.

Con el avance de la genética y el estudio del ADN se le dio una vuelta de tuerca a esta idea y se habló de genes que podrían determinar a futuros criminales, aunque desde el punto de vista científico no hay nada que nos diga que ser delincuente es algo determinado genéticamente, a pesar de que en algún momento se ha dado por cierto. En los siglos XIX y XX, en determinados países se aplicaron leyes eugenésicas basadas en esterilizar a determinados sectores de la población alegando que era lo mejor para el conjunto de la población. Uno de los argumentos para su aplicación fue que así se evitaba que nacieran futuros delincuentes.[1] El tema no deja de ser espinoso y la base científica de la determinación genética de la violencia o de la tendencia a ser un delincuente es bastante dudosa, por no decir que incierta. De hecho, las leyes eugenésicas no fueron más que una excusa para aplicar políticas de discriminación a las clases más desfavorecidas o, directamente, racismo encubierto. En la ficción, el tema de predecir los crímenes ha sido tratado en varias obras, y quizá la más notable sea la película *Minority Report* (Steven Spielberg, 2002), basada en un relato corto de Philip K. Dick. Aunque el argumento es pura ficción y poca ciencia, aquí no se buscan condicionantes genéticos, sino que todo es debido a que existe un poder sobrehumano que permite ver en el futuro cercano cuándo se va a producir un acto violento y una patrulla especial, formada por «precognitivos» dotados de ese poder, puede evitarlos. Del clan, la más dotada es Ágata, el tercer *precog*, y sus poderes son debidos a una droga que consumió su madre durante el embarazo. Pero llegamos al mismo problema ético. Aunque tuviéramos una

1. Hablé de esto en *Medicina sin engaños* (Destino, 2015), cap. 7.

base científica para afirmar que sabemos que alguien va a delinquir, ¿podemos culpabilizarle por algo antes de que cometa el delito? Creo que estaremos todos de acuerdo en que, hasta que no se comete un delito, todos somos inocentes.

A pesar de lo desacreditado de estas teorías, todavía aparecen de vez en cuando libros que hablan de la fisionomía o el aspecto de los criminales (por supuesto, todos están escritos *a posteriori*). Es decir, coges la foto de un criminal y empiezas a decir que es muy malo porque tiene la barbilla así, la frente así... Una versión de la misma idea es la grafología. El peritaje caligráfico para ver si dos caligrafías pertenecen a la misma persona es algo que se hace en muchos juicios y tiene una base real. Lo que cae de lleno en la pseudociencia es cuando se trata de hacer un perfil psicológico o de pronosticar una tendencia criminal a partir de la caligrafía de una persona. Por cierto, la mía es ininteligible, no de médico, sino de ministro de Sanidad por lo menos. Si me hacen un perfil caligráfico, voy directo al psiquiátrico. Durante la carrera nadie me pidió que le dejara mis apuntes.

Os recuerdo que los caracteres se heredan independientemente, y si hubiera un gen de la violencia (que no lo hay) no estaría relacionado con el color de pelo o de ojos, la escritura, la forma de la cabeza o cualquier otro rasgo físico... por lo que la criminalística positiva no tiene ninguna base.

## La hipnosis no se sienta en el estrado

Otro aspecto utilizado en la ciencia forense cuyo uso cae de lleno en la pseudociencia es la hipnosis. Una declaración en un juicio bajo hipnosis es algo más propio de un espectáculo circense que de la investigación criminal. Con esto no quiero decir que la hipnosis por sí misma sea una paraciencia. No lo es. Hay investigaciones serias sobre la hipnosis y ha demostrado su eficacia en algunas terapias psicológicas, pero no a la hora de testificar en un juicio. Para empezar, se asume que la hipnosis es un estado de sugestión, basado en la asunción de roles. Cuando te hipnotizan no puedes recordar hechos pasados olvidados, ni ver cosas que no has visto, ni eres incapaz de mentir; es más, al estar bajo sugestión, tienes mucha más facilidad para crear falsos recuerdos. Por tanto, hipnotizar a alguien no lo va a convertir en mejor testigo ni va a permitir que recupere recuerdos bloqueados, sino que va a ser irrelevante o incluso puede crear más confusión.

Además, esto plantea un problema. Imaginémonos que una declaración bajo hipnosis tuviera valor probatorio (que no lo tiene). ¿Cómo podemos saber si el sujeto está realmente hipnotizado o está fingiendo para colar un falso testimonio por bueno y así manipular un juicio o una investigación criminal? No olvidemos que hoy por hoy no tenemos forma de saber si alguien está realmente hipnotizado. Las pruebas físicas (un electroencefalograma, por ejemplo) no nos permiten distinguir si el individuo se encuentra bajo hipnosis o no. Y mucho más peligrosa que la hipnosis es la investigación criminal basada en el uso del psicoanálisis. En los años ochenta del siglo pasado existió una corriente que sostenía que los hechos traumáticos del pasado podían quedar escondidos en el subconsciente y que el psicoanálisis podía hacer que afloraran. Las películas de Hitchcock *Recuerda* (1945) y, aunque sea un ejemplo más pillado por los pelos, *Marnie la ladrona* (1964) se basan en esta premisa. De repente, cualquiera que sufriese depresión, ansiedad, insomnio o cualquier tipo de problema iba al psicoanalista y este descubría que había sufrido abusos en su infancia dentro del entorno familiar, pero que tenía el recuerdo escondido y eso explicaba sus problemas actuales. En aquella época, en Estados Unidos hubo gente condenada por testimonios obtenidos con la ayuda de psicoanalistas que hacían aflorar recuerdos escondidos. El *summum* llegó con el libro *Michelle recuerda* (1980) en el cual Michelle Smith, con la ayuda de su psicoanalista y posteriormente marido,

Lawrence Pazder, contaba cómo había descubierto no solo que en su niñez había sufrido abusos, sino que había participado en elaborados rituales satánicos, viajado a extraños lugares, etcétera, etcétera. De repente la gente recordaba que en todas las guarderías y escuelas infantiles había una puerta escondida que llevaba a unas catacumbas donde se encontraba un templo satánico. Por culpa del shock traumático lo había olvidado, pero gracias al psicoanalista lo recordaba. Obviamente todo era más falso que un billete de tres euros, pero una historia tan increíble e inverosímil ejerció el efecto de dar un toque de atención a jueces y jurados, de manera que muchos casos basados en testimonios obtenidos bajo terapia psicoanalítica fueron apelados, y se vio que no eran más que falsos recuerdos. Al final la víctima no hacía otra cosa que acabar declarando lo que el psicoanalista quería que dijera. El caso más famoso fue el de Paul Ingram, que llegó a admitir haber violado a sus hijas y haber participado con ellas en orgías, cuando todo era una fabulación. Estuvo en la cárcel cuatro años. En Estados Unidos existen hasta asociaciones y grupos de apoyo para las víctimas judiciales de los falsos recuerdos. La película *Regresión* (2015), de Alejandro Amenábar, está inspirada en el caso real de Ingram. Finalmente los psicoanalistas salieron de los juicios, pero no dejaron de incordiar. En la década de 1990, en lugar de detectar abusos en la niñez, empezaron a diagnosticar que sus pacientes habían sido secuestrados por los extraterrestres o, según tarifa, lograron que recordaran vidas pasadas en las que habían sido gladiadores, arquitectos de pirámides o compañeros de juego de María Antonieta en Versalles. Parece que cuando alguien recuerda una vida pasada nunca ha sido pobre o ha pasado hambre, pero basta con fijarse en la historia para comprobar que estas dos circunstancias se daban en más del noventa por ciento de la población hasta que la Revolución Industrial permitió la existencia de una clase media.

## A NINGÚN VIDENTE LE HA TOCADO LA PRIMITIVA NI HA SOLUCIONADO UN CRIMEN

Otra pseudociencia inapelable en la investigación criminal es el uso de videntes, psíquicos, adivinos, clarividentes, pitonisas, iluminados o como se quieran llamar; para entendernos, cualquier individuo que asegura tener un poder que le hace capaz de ver lo que nadie ve. ¿Recordáis cuando Uri Geller salía en el programa de José María Íñigo doblando cucharas? Por cierto, vaya poder más cutre e inútil, doblar cucharas. Yo hubiera preferido, no sé, un radar mental que me ayudara a encontrar sitio para aparcar al estilo del ángel Marcelo que tiene nuestro ministro del Interior. En aquella época había una cierta moda mundial con los videntes, que dio lugar a situaciones cómicas. En el libro *El retorno de los brujos* (1960), escrito por Louis Pauwels y Jacques Bergier, se publicó que los rusos estaban haciendo experimentos con videntes, algo que era falso. Estados Unidos tuvo miedo de que le tomaran la delantera y empezó un programa de investigación en este campo. Cuando Rusia se enteró de este programa, a su vez inició otro sobre los poderes psíquicos que realmente no tenía antes, a pesar de que lo dicho en *El retorno de los brujos* no era cierto. Los resultados fueron inexistentes. La gente se sigue matando con misiles y detectando sus objetivos con drones, radares y satélites y no por habilidades telepáticas. La película *Los hombres que miraban fijamente a las cabras* (Grant Heslov, 2009) cuenta este episodio cómico con George Clooney interpretando el papel del americano de origen vasco Michael Echanis, uno de los responsables del programa. Con el paso del tiempo, el gran poder de Uri Geller le sirvió para triunfar haciendo anuncios de helados. Y lo de las cucharas era un truco de prestidigitador de tercera, como demostró Johnny Carson en su *show*.[2]

2. Hill, M., Iannone, J. y West, S., «The 6 Most Humiliating Public Failures by Celebrity Psychics», *Cracked*, 7 de septiembre de 2013, en <http://www.cracked.com/article_20566_the-6-most-humiliating-public-failures-by-celebrity-psychics.html>.

Siempre que hay un caso, cuanto más mediático mejor, aparecen como moscas a la miel la gente que sostiene que ha visto algo, que ha soñado alguna cosa o que con un péndulo y un mapa puede localizar dónde está la persona desaparecida. Esto es especialmente grave en los casos de secuestros y desapariciones, cuando pasan los días, no se sabe nada y la familia ve con angustia cómo la investigación no avanza. Presos de la desesperación, se agarran a un clavo ardiendo si aparece alguien diciendo que tiene nueva información o que puede ayudarles a encontrar a su familiar (generalmente a cambio de dinero). No hay ningún caso famoso en que en algún momento no haya aparecido algún vidente diciendo que sabía algo o que *a posteriori* no haya tratado de adjudicarse el mérito.

Un caso dramático, entre muchos, fue el del niño de Somosierra. Un camión cisterna se queda sin frenos bajando el puerto de Guadarrama, durante el trayecto de Murcia a Asturias. Con el camionero viajaban su esposa y su hijo de diez años de edad, a quien, como premio por sacar buenas notas, le habían prometido un viaje al norte de España porque le hacía ilusión ver las vacas sueltas pastando. Fallecieron el padre y la madre, pero del niño solo se encontró el tacón del zapato. Por supuesto, muchos declararon que habían visto al muchacho, incluso se le dio credibilidad a un testigo que afirmó haber visto a una furgoneta parar justo después del accidente en el lugar de los hechos y cargar algo. Varios videntes les sacaron una importante cantidad de dinero a los desesperados abuelos jugando con la esperanza de encontrar a su nieto. El problema es que la cuba del camión contenía ácido sulfúrico, que se vertió en la carretera y se fue cuneta abajo. Si el niño se cayó en la cuneta por la zona donde pasó el torrente de ácido sulfúrico, lo más normal es que de él no quedara ningún resto. El ácido sulfúrico es uno de los métodos que han utilizado los asesinos a lo largo de la historia para hacer desaparecer un cuerpo, ya que reacciona con la materia orgánica y la degrada, incluidos los huesos. Una persona mayor quizá tenga algún empaste, prótesis, un cálculo biliar o un hueso calcificado que hubiera resistido al ácido, pero en un niño de diez años, la navaja de Ockham nos dice que lo más probable es que el ácido de la cuba del camión diera cuenta de los restos del infortunado chaval.

En otras ocasiones, la actuación de los videntes es de absoluta miseria moral. Amanda Berry desapareció en Cleveland en 2003, cuando contaba con dieciséis años de edad. Diecinueve meses después del rapto, la vidente Sylvia Browne, en directo por la televisión, concretamente en *The Montel Williams Show* de la CBS, le dijo a su madre que su hija estaba muerta y que dejara de buscarla. Lo que no sospechaban es que entre los telespectadores se encontraba la propia Amanda, secuestrada junto con Gina de Jesús y Michelle Knight por Ariel Castro. Estas tres jóvenes sufrieron la experiencia abominable de estar secuestradas durante más de una década y ser sometidas a las más duras vejaciones. A esto hay que añadir el dolor de Amanda de presenciar cómo alguien convencía a su madre de que ella había muerto a pesar de que se encontraba viva. En las sucesivas apariciones televisivas de su madre pidiendo ayuda, Amanda vio cómo se derrumbaba después de haber perdido la esperanza de volver a verla viva. Louwana Miller, la madre de Amanda, falleció de un paro cardíaco en 2007, rota por el dolor. Esto le impidió volver a reencontrarse con su hija, que pudo escapar y denunciar el caso a la policía en mayo de 2013. La vidente no pidió ninguna disculpa y dio la callada por respuesta, falleciendo poco después, en noviembre, a los setenta y siete años de edad. Ella misma había predicho que viviría hasta los ochenta y ocho, pero también falló. El presentador del *show* hizo una breve e insuficiente disculpa. Aquí también tenemos casos de videntes televisivos que han hecho meteduras de pata épicas. La más conocida es la de Octavio Aceves, que declaró que Anabel Segura estaba viva y en Guadalajara cuando realmente llevaba varias semanas enterrada en Toledo. Al ser señalado su error, Aceves puso una demanda al periodista que lo denunció, aunque perdió.[3]

Pensándolo fríamente, imaginemos que fuese posible que alguien tenga un poder sobrenatural y pueda intuir o saber cosas sin necesidad de pruebas físicas, solo con un péndulo, concentrándose, soñando o mirando las nalgas de alguien (no es broma, esto existe). Digo yo que, con solo uno de estos que funcionara, no tendríamos crímenes sin resolver, ¿no? Sabríamos dónde está enterrada Marta del Castillo y si Antonio Anglés sigue vivo o se ahogó en Irlanda. El día en que un vidente vea realmente el futuro, lo mejor que puede hacer es dirigirse a una comisaría, coger el registro de casos sin resolver e ir uno por uno hasta que acabe. Mientras tanto, no conozco ningún vidente que haya resuelto un crimen o al que le haya tocado la primitiva, ni tampoco ningún analista financiero que haya previsto la evolución de los mercados. Así que por mucho que algunos digan, ante el futuro o ante lo que no tenemos pruebas o forma de saber la verdad, todos somos más bien invidentes, los que cobran y los que no.

## Cuando no saber matemáticas te puede llevar a la cárcel

¿Cuántas veces habéis oído en un restaurante eso de «haz tú las cuentas, que yo soy de letras»? Como le oí decir una vez al periodista científico Antonio Calvo Roy, no me imagino que alguien conteste: «Lee tú la carta, que yo soy de ciencias». Tenemos la desgracia de vivir en una sociedad donde tener unas mínimas nociones de ciencia no se considera cultura, lo que hace que algunos presuntos intelectuales se permitan el lujo

3. Sentencia, de 30 de marzo de 2000, dictada por la Ilma. S.ª Juez del Juzgado de Instancia n.º 55 de Madrid, D.ª M.ª del Mar Cabrejas.

de decir auténticas idioteces en temas científicos. Esto puede no tener demasiada trascendencia, pero, por desgracia, en ocasiones puede suponer dar con tus huesos en la cárcel de forma injusta. Aunque parezca mentira, el hecho de que la formación en matemáticas sea bastante floja, o que el común de la población confunda conceptos básicos de estadística y de cálculo de probabilidades, puede suponer problemas legales. Los números, en algunos casos, asustan. Por ejemplo, cualquier lotero sabe que hay números que la gente compra más que otros. La gente piensa que es más probable que el gordo de Navidad caiga en el 23746 que en el 33333 o en el 00014. El primero parece un número aleatorio, mientras que el siguiente se nos antoja demasiado ordenado y el tercero, demasiado bajo. Los dos últimos serían considerados números feos, cuando la realidad es que los tres números tienen exactamente las mismas remotas posibilidades de que les toque el gordo. Vamos, que este año ni a ti ni a mí nos va a tocar, lleves ese número o lleves otro.

Más allá de tener claro que si compras lotería es porque no sabes matemáticas, el hecho de que un fiscal o un abogado defensor no entienda o no sepa explicar estos conceptos en un estrado, cuando los ha utilizado la otra parte, ha resultado fatal en algunos juicios. El más famoso el de Sally Clark, una policía escocesa cuyos dos hijos fallecieron de muerte súbita. Se formularon cargos contra ella debido a que el perito contratado por el fiscal estimó que las probabilidades de que se dieran dos casos en la misma familia eran tan remotas que se sospechaba un asesinato. El error fue que el cálculo que utilizó para convencer al jurado se basaba en la probabilidad más remota, y no tuvo en cuenta todos los datos. Por ejemplo, no consideró que los dos hijos de Sally eran varones, que tienen una mayor probabilidad de fallecer por muerte súbita, sino que utilizó un cálculo general que no distinguía por sexo, y cometió otro error, mucho más tendencioso. No tuvo en cuenta que muchos estudios indicaban que la muerte súbita puede tener un componente genético, por lo que la probabilidad de sufrir una muerte súbita en la familia si ya has tenido otra es muchísimo más alta que si fueran dos hechos independientes. El caso de Sally Clark era raro, pero entra dentro de lo fatalmente posible. Sally cumplió parte de la condena. En la apelación se demostró que no había ninguna evidencia que demostrara que había asesinado a sus hijos, y muchos médicos testificaron que el primer análisis estadístico estaba lleno de errores. La verdad es que no saber matemáticas es un problema que también se encuentran muchos científicos. Un estudio de la Universitat de Girona, realizado en 2004, sacó los colores a los investigadores de biomedicina.[4] Señalaba que prácticamente todos los estudios de medicina que habían revisado contenían errores estadísticos. Desde ese momento la mayoría de las revistas científicas tienen especialistas que revisan la parte estadística. Otro caso similar fue el de Lucia de Berk, una enfermera holandesa que vio como en su planta se daban varios fallecimientos de bebés y ancianos y se montaba una acusación contra ella, basada en que era extraño que murieran tantos de los que tenía a su cargo.[5] Después de pasar varios años en la cárcel, su abogado consiguió una apelación y se demostró que la estadística presentada en su juicio era errónea.

## En el límite de la ciencia: los detectores de mentiras

Para muchos lectores la imagen del detector de mentiras es un programa de televisión de los años noventa, *La máquina de la*

4. García-Berthou, E. y Alcaraz, C., «Incongruence between test statistics and *P* values in medical papers». *BMC Medical Research Methodology*, 4(13), 2004, pp. 1-5.

5. Ferrer, I., «Grave error judicial en Holanda». *El País*, 17 de marzo de 2010, en <http://sociedad.elpais.com/sociedad/2010/03/17/actualidad/1268780410_850215.html>.

*verdad*, presentado por un llamativo peluquín debajo del cual había un periodista llamado Julián Lago. El programa constaba de dos partes. La primera era una especie de debate, en la línea de *Sálvame Deluxe*. Tras ella, entre música de misterio, luces tenues y atmósfera inquietante salía una máquina que se suponía sería capaz de indicar si el invitado de la noche había dicho la verdad o no. Para ese cometido la máquina contaba con un operador hierático, con la misma expresividad y simpatía que una señal de prohibido el paso. Mientras la voz en *off* hacía las preguntas, el experto iba mirando las lecturas que la máquina imprimía en papel continuo. El clímax del programa venía cuando, acabado el interrogatorio, el experto hacía públicas las conclusiones sobre las preguntas comprometidas que le habían hecho al invitado. Invariablemente comenzaban con un «*the polygraph indicates*» o «*according to the machine*», no sabía empezar las frases de otra manera. Según la máquina, supimos que Sixto Paz no decía la verdad cuando afirmaba haber estado en Ganímedes ni tampoco Jesús Gil cuando afirmaba que sus negocios eran legales.

Más allá del espectáculo televisivo, hay una investigación seria y una historia detrás del intento de hallar algún método para saber si una persona está diciendo la verdad o miente. No obstante, esta prueba sigue siendo tan controvertida y está sujeta a tantas variables que prácticamente ningún tribunal del mundo la da por buena.

Desde siempre nos hubiera encantado tener algún tipo de sistema para saber cuándo alguien miente o dice la verdad. La leyenda dice que en China, de donde parece que surgen todos los antecedentes de la ciencia forense, para saber si alguien mentía se le hacía masticar un puñado de arroz. Si cuando lo escupía estaba húmedo, decía la verdad; si estaba seco, mentía. En un milenio no hemos avanzado mucho en las técnicas para detectar mentiras, puesto que todas se basan en la suposición de que cuando alguien miente esto produce algún cambio fisiológico que es detectable o medible, en este caso, la salivación.

En el siglo XIX Cesare Lombroso (sí, el de antes) ya sugirió que la mentira debía producir cambios en la presión arterial. Siguiendo este principio, el estadounidense William Moulton Marston inventó en 1913 un aparato que medía de forma continua la presión arterial, siendo el primer intento, fallido, de un detector de mentiras.

Por la misma época, el psicólogo italiano Vittorio Benussi propuso que mentir genera un estrés en el mentiroso y que su respiración se acelera. Con esta idea, John Larson inventó el primer polígrafo, llamado así porque medía de forma continua durante la entrevista la presión arterial, el pulso y la respiración. Este modelo es básicamente el mismo que se utiliza en la actualidad y que salía en *La máquina de la verdad*. Sin embargo, su aceptación en los juicios o su validez policial es bastante cuestionable. En 1923, en el caso de Frye contra Estados Unidos, el juez determinó que la prueba del detector de mentiras (todavía con el modelo de Marston) no podía darse por buena dado que su validez todavía no estaba establecida generalmente (y de aquí vino el estándar de Frye que he explicado en el capítulo 2). Pero la investigación prosiguió. Larson encontró un aliado en el jefe de policía de Berkeley, August Vollmer, que en la década de 1920 hizo más de cuatro mil ensayos del aparato con sospechosos detenidos por él. Un discípulo y colaborador de Vollmer, Leonard Keeler, mejoró el aparato miniaturizándolo y añadiendo una medida adicional, un galvanómetro que permitía medir la conductividad eléctrica de la piel, que a su vez es una medida de la sudoración. El aparato de Keeler fue patentado en 1925.

Keeler, policía y psicólogo, fue el máximo popularizador de la técnica, dando cursillos donde no solo instruía sobre el manejo del aparato, sino sobre el tipo de preguntas que debían realizarse y la forma de realizarlas. El sistema de Keeler era prácticamente el que veíamos en *La máquina de la verdad*. Nótese lo poco que ha avanzado esta tecnología, que sigue igual que hace casi cien años. La popularidad fue tal que

Keeler llegó a interpretarse a sí mismo en una película que describía un caso real en el que se utilizó el polígrafo. *Call Northside 777* (Henry Hathaway, 1948), título que se tradujo como *Yo creo en ti* en España, es uno de los clásicos del cine negro. Protagonizada por James Stewart, narra la historia real (con nombres cambiados) del asesinato del oficial de policía William D. Lundy. Los acusados por el crimen, a partir de un único testigo, fueron los inmigrantes polacos Joseph Majczek y Theodore Marcinkiewicz, llamados respectivamente Frank Wiecek y Tomek Zaleska en la película. La madre de Joseph, convencida de su inocencia, publicó un anuncio en la prensa ofreciendo una recompensa a quien pudiera aportar pruebas para reabrir el caso, lo que llamó la atención del periodista James McGuire, que a la postre consiguió demostrar la inocencia de los acusados. Joseph había pasado once años en la cárcel. La prueba del detector de mentiras no fue admitida en el juicio, pero fue uno de los motivos que hizo creer al periodista en la inocencia del acusado, ya que la pasó satisfactoriamente. Majczek fue liberado en 1945 y Marcinkiewicz en 1950. En 1981 el psicólogo de la Universidad de Minnesota David Lykken cambió el sistema de preguntas, no enfocándolo en culpable o inocente, sino en la reacción emocional que tiene el sospechoso a detalles que solo puede saber un culpable. Es decir, no hay que enfocarse en «lo mataste o no», sino en «la habitación donde estaba el cuerpo tenía la pared pintada de verde».

El polígrafo se ha popularizado a nivel privado más que en los juzgados, y muchas compañías lo utilizan con sus empleados para saber si están teniendo algún comportamiento contrario a la compañía como robar o hacer espionaje industrial. La costumbre estaba tan extendida que en Estados Unidos se promulgó en 1988 la Employee Polygraph Protection Act que prohibía su uso en procesos de selección de personal o en empresas privadas, pero sigue pudiéndose utilizar en las fuerzas de orden, las agencias gubernamentales y el ejército.

En la CIA existe una unidad poligráfica fundada por Cleve Backster. En España el detector de mentiras no tiene ningún tipo de uso oficial ni en la investigación policial.

Queda una pregunta por responder: ¿funciona? Pues hay un problema fundamental. Todos los detectores de mentiras se basan en algo que la ciencia no ha demostrado y que cae en el campo de la pseudociencia. ¿Mentir produce un cambio fisiológico medible? La respuesta es incierta, por eso no se admite como prueba. La propia Asociación Americana de Poligrafistas admite que, en manos expertas, el polígrafo funciona. Y aquí tenemos otro problema: esta técnica depende del técnico. El polígrafo solo da una lectura de varios parámetros fisiológicos, y luego el técnico es el que decide. Uno de los principios básicos de la ciencia es la reproducibilidad y por ende la independencia del experimentador. La gracia de una prueba genética, un análisis químico, un densitograma de suelo u otra prueba similar es que si la realizan dos técnicos diferentes ambos tienen que llegar al mismo resultado. Y se pueden poner controles para ver si el experimentador está haciendo algo mal. En cambio, si el éxito o fracaso del polígrafo depende del experimentador, malo, porque aquí entra en juego la subjetividad. Una lectura de una prueba genética dice si es positiva o no; en cambio, la misma lectura del polígrafo puede ser interpretada como positiva o negativa. Ante un mismo sospechoso, los resultados pueden variar en función de quién haga las preguntas. Por tanto, esta prueba no es fiable. Pero eso no quiere decir que no sirva para nada. En el transcurso de un interrogatorio se pueden utilizar diferentes técnicas (voy a centrarme solamente en las legales) y la máquina de la verdad puede tener un valor disuasorio, aunque no funcione. El simple hecho de decirle a un sospechoso que tiene que pasar una prueba que va a señalar si miente o no puede servir para vencer su barrera, hacer que se desmorone y arrancar una confesión. En las primeras pruebas, muchos se dieron cuenta de que realmente es más útil por su valor para hacer presión psicológica en un interrogatorio que por su funcionamiento.

Otra técnica cuyo uso depende del experimentador es la identificación visual del pelo. Durante mucho tiempo se ha asumido que con un microscopio se podía determinar si dos pelos eran iguales o provenían del mismo origen. Pero una serie de auditorías demostraron que, cuando los resultados se sometían a examen, el porcentaje de fallo era altísimo, lo que lleva a replantearse muchos casos. Recientemente el FBI admitió estos fallos.[6]

## Identificación de voz: útil, pero no para todo

Desde siempre se ha intentado averiguar si una voz era la que decía ser, o tratar de identificar al autor de una amenaza telefónica o una solicitud de rescate. En la Biblia se narra cómo Rebeca lía a su hijo Jacob para que engañe a Isaac haciéndose pasar por Esaú con el fin de obtener los derechos de primogenitura, en lo que sería uno de los primeros casos conocidos de utilización de malas artes para manipular una herencia y de impostación de la voz. En la cultura popular sabemos que el Lobo Feroz coge la ropa de la abuelita, la mete en el armario y engaña a Caperucita haciendo voz de falsete (por cierto, si el lobo lleva la ropa de la abuela, la pobre debía estar desnuda en el armario tiritando de frío, aunque en otras versiones se la come; en ambos casos, sea como sea, la pobre anciana estaba en pelotas).

6. Hsu, Spencer S., «FBI admits flaws in hair analysis over decades». *The Washington Post*, 18 de abril de 2015, en <https://www.washingtonpost.com/local/crime/fbi-overstated-forensic-hair-matches-in-nearly-all-criminal-trials-for-decades/2015/04/18/39c8d8c6-e515-11e4-b510-962fcfabc310_story.html>.

A pesar del evidente interés, los resultados son bastante desiguales y se sitúan en el límite de lo que es aceptable en un juicio. Igual que en las pruebas de detección de mentiras, no se puede decir que no haya una investigación seria detrás. No obstante, algunos de sus aspectos o sus usos, así como su eficacia, son muy cuestionados. Un ejemplo claro fue el caso de Anabel Segura, en el que se trajo a un experto de Alemania para que dijera si las presuntas grabaciones de la muchacha solicitando a la familia que pagara el rescate eran ciertas. El veredicto del experto fue que podía ser ella o alguien que imitara muy bien su voz, es decir, no dijo nada. Finalmente, se supo que Anabel fue asesinada a las pocas horas del secuestro y que la voz pertenecía a la esposa de uno de los secuestradores.

El padre de la acústica forense, el físico e ingeniero Lawrence G. Kersta, trabajaba en los laboratorios Bell de Murray Hill, Nueva Jersey. Durante la segunda guerra mundial, Kersta desarrolló un espectrógrafo de sonido, o analizador automático de ondas de sonido para uso militar, con el propósito de que fuera capaz de identificar a los autores de las comunicaciones interceptadas al enemigo. La máquina nunca funcionó y el fin de la guerra dio al traste con el desarrollo. No obstante, en 1960 el FBI recuperó el interés por este proyecto a raíz de una serie de llamadas recibidas por la policía de Nueva York en las que se avisaba de la colocación de bombas. Así fue como se diseñó un aparato capaz de crear espectrogramas sonoros, que básicamente descomponen un sonido en un grupo de ondas, de forma que la escala horizontal representa el tiempo y la vertical, la energía. El sonido no es más que la combinación de esas ondas.

En marzo de 1963 el espectrógrafo se utilizó por primera vez en Japón para tratar de solucionar el secuestro de un niño de cuatro años de edad. A diferencia de otros métodos como el detector de mentiras, este método ha tenido más presencia en los tribunales. El primero, en el caso militar de Estados Unidos contra Wright (1967), aunque uno de los jueces manifestó su disconformidad. Sus resultados fueron admitidos como evidencia por los tribunales estadounidenses a partir de 1977. En 1971 los análisis de voz comenzaron a utilizarse también en la Unión Soviética, de manera que, en contraste con el detector de mentiras, estos sí que se admiten como prueba en muchos países.

Conviene tener en cuenta que en este análisis se siguen dos procesos diferentes: la verificación, que consiste en determinar si una o varias grabaciones se corresponden con la voz de un sospechoso, o la identificación, en la cual se trata de averiguar quién es una persona a partir de su voz. La técnica tiene bastantes limitaciones, principalmente la calidad de la grabación de partida. En inglés se emplea la frase «*garbage in, garbage out*», que, traducida al español, vendría a decir «entra basura, sale basura». Si el audio de partida es de mala calidad, los resultados serán pobres. Debemos considerar que muchas grabaciones están contaminadas por el ruido del ambiente, como el viento, el sonido de los coches o música, y que los soportes digitales utilizan una compresión que hace que se pierda información valiosa. Otro problema de esta técnica es que la opinión del técnico sigue teniendo mucho peso, y eso va en contra de su objetividad como han expresado diferentes autores.[7] Por suerte, la técnica ha mejorado en los últimos años, y aunque la voz no es tan precisa como la huella dactilar, sí que se pueden obtener muchas aplicaciones válidas. La técnica se ha visto muy beneficiada por el desarrollo de algoritmos matemáticos y de la capacidad de computación, que pueden servir para hacer caracterizaciones precisas de voces. Sin embargo, el criterio para considerar que dos voces son iguales no es universal.[8]

7. Lindh, J., «Handling the "Voiceprint" Issue». Proceedings, FONETIK, Departamento de Lingüística, Universidad de Estocolmo, 2004, en <http://www2.ling.su.se/fon/fonetik_2004/lindh_voiceprint_fonteik2004.pdf>.

8. Bonastre, J. F., Bimbot, F., Boë, L. J., Campbell, J. P., Reynolds D. A. y Magrin-Chagnolleau, I., *Person Authentication by Voice: A Need for Caution.* 8th European Conference on Speech Communication and Technology, Ginebra, Suiza, 2003.

Otra situación a la que se aplica la acústica forense es cuando el testigo no ha visto la cara del sospechoso (al llevarla cubierta, por ejemplo), pero sí ha oído su voz. El juez puede organizar una rueda de reconocimiento por voz, en la cual se hace que el testigo oiga la del sospechoso junto con otras voces análogas para comprobar si es capaz de identificarla inequívocamente. En el año 2004 se organizó una de estas ruedas en Gran Canaria, ya que una operadora de una compañía de taxis pudo oír la voz de un individuo justo en el momento en que uno de los taxistas era asesinado. En este caso, para adecuar la voz a las circunstancias, la testigo oyó las diferentes grabaciones a través de la emisora y pudo identificarla sin dudar.

En España contamos con un laboratorio de acústica forense. Sus orígenes se remontan a 1986 y su creador fue el comisario Jesús Pinar Piqueras, que observó una demostración el año anterior en Alemania y decidió ponerse manos a la obra, contando con la colaboración de José Luis Herráez Sáez. En este laboratorio no solo se buscan delitos relacionados con secuestros o terrorismo, sino también aquellos relacionados con la piratería musical o la propiedad intelectual. Este servicio cuenta con un servicio de reconocimiento automático, que dotado de potentes algoritmos puede hacer comparaciones, por ejemplo, de una misma persona hablando en diferentes idiomas. El primer informe técnico data de 1989 y el primer informe pericial se redactó el año siguiente. Existe una base de datos de voces, llamada LOCUPOL, y un sistema integrado de interceptación telefónica (SITEL).

## Caso real: el Estrangulador de Boston no fue identificado por un vidente

En algunos libros se menciona que este conocido caso se resolvió gracias a la acción de un vidente llamado Peter Hurkos. Esta afirmación aparece también en la película *El estrangulador de Boston* (Richard Fleischer, 1968), protagonizada por Henry Fonda, con Tony Curtis en el papel del asesino. Pero ¿es cierto? ¿Cómo fue la historia real?

Boston, 1962. El 14 de junio aparece asesinada Anna Slesher, de cincuenta y cinco años de edad. En los tres meses siguientes son asesinadas otras seis personas, de entre sesenta y ochenta años, siendo la última Jane Sullivan, de sesenta y siete años, encontrada el 21 de agosto. Todas fueron violadas y estranguladas con el cinturón de su bata o con unas medias.

En diciembre, cambia el patrón y empiezan a aparecer veinteañeras estranguladas, algunas también apuñaladas, empezando por Sophie Clark, una afroamericana de veinte años. Hasta el 4 de enero de 1964 siguen sucediéndose los asesinatos, mayoritariamente de veinteañeras, aunque en menor medida aparecen víctimas de más de sesenta años. El total es de trece mujeres asesinadas en año y medio. La última, Mary Sullivan, de diecinueve años.

Y entonces sale a la luz Albert DeSalvo. Después de sufrir una infancia dura y un matrimonio sin pasión, DeSalvo empezó su carrera criminal como «el Hombre de las Medidas» (*The Measuring Man*). Hombre bien plantado y educado, visitaba casas donde vivían mujeres solas y se hacía pasar por el representante de una agencia de modelos interesado en contratarlas. Para eso les tomaba las medidas. En muchos casos, labia mediante, acababa teniendo relaciones, consentidas, con las presuntas clientas. Lo de la falsa agencia de modelos no acababa de satisfacerle, por lo que a partir de 1964 empieza a asaltar y a violar mujeres en sus casas. En este caso se hacía pasar por un detective que investigaba los estrangulamientos, lo que aprovechaba para inmovilizar a las víctimas, atarlas, violarlas e irse. Era conocido también como «el Hombre de Verde» (*The Green Man*) por el color de su ropa. Finalmente, DeSalvo fue detenido por estos asaltos y aseguró haber violado a más de cuatrocientas personas, incluyendo a cuatro aquel mismo día.

En la cárcel, mientras esperaba el juicio por estos crímenes, le confesó a su compañero de celda que era el estrangulador de Boston. Luego, bajo hipnosis y ante el asistente del fiscal John Bottomley, confirmó esta declaración y describió algunos detalles de los crímenes. La policía dio por buena su confesión dado que alegó que conocía detalles que solo el verdadero culpable podía saber. No obstante, hay que tener en cuenta que DeSalvo sufría un evidente trastorno narcisista de la personalidad o, dicho de otra manera, estaba como un cencerro. La gente que sufre este trastorno suele exagerar sobre sus actos y adueñarse de méritos ajenos. En su fuero interno, si DeSalvo era un abusador tenía que ser el que más. El hecho de autoinculparse de las muertes le dio una fama y una atención mediática con las que estaba encantado. Se sabe que exageró incluso con las violaciones que había cometido, alegando cuatrocientas cuando las denunciadas fueron doscientas (que tampoco es moco de pavo). Puede parecer raro, pero una persona con un trastorno de personalidad que necesita llamar la atención es capaz de cualquier cosa por la fama, incluso de autoinculparse en un crimen. Y hemos tenido muchos casos, como el de Henry Lee Lucas, que se autoinculpó de más de doscientos asesinatos únicamente porque así le hacían caso. En realidad solo asesinó a tres personas. Sin embargo, dada la situación de pánico que se vivía en Boston, la policía vio en DeSalvo una gran oportunidad para dar el carpetazo al asunto a pesar de que muchos cuestionaron la culpabilidad de DeSalvo y el interrogatorio de Bottomley, que prácticamente le chivaba las respuestas.

El juicio fue seguido con gran atención mediática, pero

conviene recordar un detalle. A DeSalvo se le juzgó por los asaltos del Hombre de Verde. Nunca fue juzgado por los crímenes del estrangulador de Boston, ya que nunca se reunieron pruebas contra él. El asistente del fiscal general estaba muy interesado en achacarle los crímenes. John Bottomley tenía poca experiencia y su investigación hasta el momento de la confesión se había considerado chapucera. Cuando trascendió que había contratado los servicios del vidente Peter Hurkos, fue tomado a chufla por sus compañeros. DeSalvo fue condenado por robo a mano armada, allanamiento de morada y asaltos sexuales a cuatro mujeres. En la cárcel llamó al abogado para decirle que quería aclarar lo de su inculpación en el tema del estrangulador de Boston, pero fue asesinado esa misma noche, sin que a día de hoy se haya encontrado al culpable.

¿Fue DeSalvo? No existe ninguna prueba que le relacione con los crímenes. De hecho, muchos detalles de las confesiones se basan en datos que aparecieron en los periódicos o en visitas que hizo al lugar de los crímenes (por los que se sintió interesado). Se ha demostrado que en su confesión había datos erróneos, pero que son citados tal y como los dijeron los periódicos. Si vamos a los crímenes, es bastante extraño atribuirlos a una única persona, ya que tienen *modus operandi* muy diferentes. No obstante, todas estas líneas de investigación se pararon con la confesión de DeSalvo. Era una víctima bastante conveniente para tranquilizar a la opinión pública.

¿Y qué pinta aquí el vidente? Bottomly era la persona más interesada en resolver el crimen y en legitimar su trabajo, incluida la contratación de Hurkos, por lo que escribió un libro, posteriormente llevado al cine. Los hechos fueron convenientemente modificados para su autobombo. Por ejemplo, se dice que el adivino fue clave para la resolución cuando, como suele pasar, no aportó ninguna información útil. Como sospechoso apuntó a un tal Thomas O'Brien a quien nunca se relacionó con los crímenes. Hurkos nunca dijo nada de DeSalvo. Que, en la película, el adivino adivine es el menor de los fallos. En ella, el asesino entra en las casas gracias a vecinas que dejan la puerta abierta o ya está dentro cuando llegan dos mujeres, mata a una y huye. Esto no se corresponde con ninguno de los doce crímenes atribuidos al Estrangulador (aunque en la película se le asignan trece). Por si fuera poco, en la ficción, el marido de una de las víctimas estaba en casa cuando el asesino intenta agredir a su mujer, de modo que sale en su persecución y acaban forcejeando, algo que tampoco pasó. También son invenciones de Bottomley que el personaje encarnado por Tony Curtis se declare inocente en todo momento y que en un interrogatorio ataque a su mujer delante de su hija. Realmente no hay constancia de que agrediera a su familia y el caso se cerró precisamente por su autoinculpación.

A pesar de todo, el éxito del libro y de la película hizo que esta versión se diera por buena. Ha habido diferentes investigaciones no oficiales tratando de encontrar al verdadero culpable, sean uno o varios. Una la llevó a cabo Casey Sherman, sobrino de Mary Sullivan, una de las víctimas, y de la otra se encargó Susan Kelly. Ambos coinciden en que no hay ninguna prueba que relacione a DeSalvo con los asesinatos y que lo más probable es que se trate de tres o cuatro culpables sin relación entre ellos.

En 2001, a instancias de su familia, se exhumó el cadáver de Sullivan y se encontraron en él muestras de semen del agresor que no coincidían con el perfil de DeSalvo, obtenido a partir de su hermano. Sin embargo, una reconfirmación de la prueba —realizada dos años después utilizando la metodología más avanzada— concluyó que el ADN pertenecía a DeSalvo, por lo que por fin tenemos una prueba que le une con uno de los asesinatos. Incluso Sherman, sobrino de Mary y uno de los que más había puesto en duda la versión oficial, aceptó este resultado, por lo que, después de todo, parece apuntarse que al menos sí fue responsable de uno de los crímenes. En cuanto a los otros, seguimos sin saberlo. Si el resto de las víctimas estuvieran enterradas y no hubiesen sido incineradas podría tratarse de buscar pruebas que confirmen o descarten la implicación de DeSalvo, algo que no parece que vaya a hacerse y sobre lo que ningún vidente nos puede dar una pista.

# EPÍLOGO

## MATAR A ALGUIEN ES DE SER MALA GENTE

Estimado lector, hasta aquí hemos llegado. Espero que te hayas divertido en las páginas anteriores cuando te he contado la historia y las aplicaciones de la ciencia forense entremezclándolas con casos reales y películas y series de ficción. Me gustaría haber sido capaz de transmitirte la misma fascinación por el tema que he sentido durante el proceso de documentación y escritura de este libro, o el entusiasmo que siento cada vez que empiezo el curso o cuando asisto a las presentaciones de mis alumnos. Si he sido capaz de contagiarte de la misma pasión, me doy por satisfecho, pero debes saber que esto no ha hecho más que empezar.

Cuando escribí *Medicina sin engaños*, la primera parte era una historia de la medicina en la que se podía seguir el hilo desde la prehistoria hasta la actualidad. Con la ciencia forense es imposible hacer esto porque es muy reciente. Colin Pitchfork, el primer condenado por una prueba genética, sigue en la cárcel. Locard, el creador del primer laboratorio moderno de investigación criminal, falleció en 1966. Además, como hemos visto, es una ciencia que se nutre de todas las demás. Salvo las huellas dactilares y alguna otra excepción, la mayoría de las técnicas que se emplean en la investigación forense no están pensadas para ella, sino que se han aplicado *a posteriori*. Cuando Landsteiner descubrió los grupos sanguíneos o Southern la hibridación de ADN, ninguno de los dos pensaba en resolver delitos, pero luego estas técnicas han sido básicas para procesar la sangre del lugar del crimen y para el *DNA fingerprinting* que desarrolló Alec Jeffreys. Y lo que queda, puesto que cada día surge algún avance o la prensa nos informa de algún nuevo caso resuelto por una técnica novedosa. Hasta ahora, podemos saber de quién es una mancha de sangre, semen o saliva si la comparamos con un sospechoso. En el caso de Eva Blanco se vio que a veces funciona sin tener sospechoso. A partir del ADN podemos obtener datos que nos permiten enfocar la investigación, como el color de los ojos, la raza o el sexo. No está lejos el día en que a partir de una mancha de fluido biológico tendremos un perfil completo de la persona que buscamos. Y de hecho, esta rápida evolución y el abundante caudal de información han sido uno de los principales problemas con los que he tenido que lidiar durante la elaboración de este libro.

Cuando uno escribe, siempre tiene que llegar a un compromiso entre lo que quiere contar y la longitud que le ha recomendado el editor. Yo soy de los pierden la noción de la realidad cuando escriben, me dejo llevar por el impulso de lo que estoy contando, y así surgen páginas, páginas y más páginas. Al final hay que decidir qué es lo más interesante para no publicar pesados volúmenes del estilo de la *Enciclopedia Británica* que ibais a encontrar muy aburridos. Sin embargo, la ciencia forense es mucho más amplia de lo que cabe en un solo libro. Ha habido temas que por motivos de espacio he dejado en el tintero. Sé que entre los lectores hay muchos fans de la serie *Mentes criminales* a los que os interesa el tema de los perfiladores, o entusiastas de *CSI Cyber* que tenéis curiosidad por temas tan nuevos como los delitos informáticos y el mundo de los *hackers*. O por el estudio de la balística y las armas de fuego, los narcóticos o incluso el dopaje, de triste actualidad y cuyo estudio también cae dentro del ámbito de la ciencia forense. Al final hay que elegir qué temas caben y cuáles no, pero, si este libro os gusta, no descarto tocar estos temas en un futuro. De vosotros depende que convenzáis a la editorial.

Quizá otra cosa que te haya sorprendido al leer estas páginas es la continua relación entre los crímenes reales y los de la ficción. Esto es casi obligatorio cuando hablas de ciencia forense. De la misma manera que Julio Verne ideó un viaje a la Luna antes de que este se produjera, Sherlock Holmes y Auguste Dupin se adelantaron a su tiempo. Con una particularidad: no creo que los ingenieros de Cabo Cañaveral se basaran en Julio Verne para sus diseños, pero, en cambio, los padres de la ciencia forense como Locard y Lacassagne eran lectores de novela policíaca y sí tomaron a los personajes de ficción como modelos. Por eso, hablar de ficción policíaca, en cierta forma, también es hablar de la historia de la ciencia forense y, todo sea dicho, lo hace más entretenido. Es injusto que siempre se aluda a Julio Verne como un adelantado a su tiempo, pero se olvide a otros dos escritores que tuvieron premoniciones mucho más acertadas y afinadas. Antes de que se hubiera utilizado ninguna huella dactilar en ningún tribunal en Estados Unidos, Mark Twain se refiere a su utilización forense en dos novelas diferentes. En *La vida en el Mississippi* (1883) incluye el relato «La impresión de un pulgar y lo que salió de él», en el que menciona que «cuando era joven, conocí a un francés que fue carcelero durante treinta años y me dijo que hay una cosa que nunca cambia de la cuna a la tumba, las líneas en el pulgar, y que esas líneas son diferentes en los pulgares de dos personas diferentes» y relata la detención de un asesino por su huella dactilar. En una obra posterior, *Pudd'nhead Wilson* (1894; traducido al castellano como *El bobo Wilson* o *Cabezahueca Wilson*), la trama gira en torno al valor probatorio de la huella dactilar. De la misma manera Agatha Christie, en *Muerte en el Nilo* (1937), hace que Hércules Poirot descubra a los culpables analizando los restos de pólvora de sus manos, prueba de que habían disparado un arma. El detalle es que esa prueba todavía no estaba en uso por ninguna policía del mundo y la genial escritora supo intuir su utilización en la investigación criminal. Si en algún aeropuerto del mundo pilláis al personal de seguridad con ganas de hacer un análisis riguroso y os pasan una especie de celofán o algodón por el dorso y la palma de la mano, os están haciendo lo mismo que noveló Agatha Christie. Por tanto, la historia de la ciencia forense no se entiende del todo sin la historia de la novela policíaca o del género negro.

Por lo demás, espero que, después de leer estas páginas, si tienes la peregrina idea de cometer un delito o matar a alguien no lo hagas. Mejor vete al cine o cómprate un libro. Y no te lo digo por mí, sino por ti. Te acabo de explicar cientos de maneras por las que podrían pillarte. Vayas donde vayas, hagas lo que hagas, dejarás trazas y señales de tus actos, que luego servirán para saber qué hiciste. Cada vez es más difícil que un crimen quede impune, por lo que, salvo que quieras que durante los próximos veinte años de tu vida tu principal preocupación sea que no se te caiga el jabón en la ducha, no lo cometas. Es una cuestión de educación más que nada. Si a ti no te gustaría ser víctima de un delito, tampoco lo protagonices. Venga, un poco de empatía, ponte en la piel del que tienes enfrente. Además, que es de muy mala educación y cogerás fama de ser mala gente. Ya sabes, no lo hagas, y si lo haces, que sepas que te van a pillar. Durante nueve capítulos te he contado cómo la ciencia ha servido para saber quién ha hecho qué y poner las pruebas delante del juez. Así que considera este libro como un manual de divulgación en el que puedes aprender algo, pero no hace falta que lo pongas en práctica y que compruebes si puedes cometer un delito sin que te pillen. Me gustan los lectores entregados, pero no tanto. Solo disfruta del libro, pero no se te ocurra pensar que vas a protagonizar la versión moderna de *Crimen perfecto*... porque podrías acabar viviendo tu propio *Expreso de medianoche*. En definitiva, espero que te haya gustado el libro. Haya sido así o no, puedes dejarme tus comentarios e impresiones sobre él en mi cuenta de Twitter, @jmmulet, o en mi blog *Tomates con genes* (http://jmmulet.naukas.com).

*Valencia, octubre de 2015*

# AGRADECIMIENTOS

Un libro como este sería imposible sin el apoyo de toda la gente que desinteresadamente me ha ayudado a conseguir la documentación necesaria para este libro, empezando por mis alumnos, todos y cada uno de ellos, pero en especial los de Biotecnología Criminal y Forense, una asignatura optativa del cuarto curso del grado en Biotecnología que oferta la Universidad Politécnica de Valencia, cuyos trabajos académicos han servido como base para la descripción de los casos reales que habéis leído al final de cada capítulo. La obligatoriedad de que cada uno tuviera que ver con el tema tratado en el capítulo hace que no estén todos los que son, ni sean todos los que están. En clase nunca hemos abordado el final de la familia Romanov, ni el caso del Fugitivo o el de Patricia Stallings, mientras que otros que sí hemos tratado, como el crimen de la Dalia Negra o el del Zodiaco, no cabían. Tampoco he incluido casos españoles entre los reales, aunque sí los he comentado en las clases. Algunos son demasiados recientes y cercanos y alguna herida sigue abierta. Quiero destacar a C. Carlomarde, quien tuvo la amabilidad de indicarme el curso de ciencia forense de la Universidad de Nanyang, que me ha sido muy útil. De la misma manera, este libro no hubiera sido posible sin la ayuda y el talento como documentalista de R. Porcel.

También estoy en deuda con Manolo Velázquez, Mercedes Aler y María Eugenia Gómez, que colaboran desinteresadamente en los talleres prácticos de mis alumnos y han sido una indispensable fuente de información, facilitando así la realización de este libro. Quiero agradecer a Carmen Alemany su participación en las clases y toda la ayuda para la escritura del capítulo 2. Y a Pilar y a José María (lo siento, no me dijisteis vuestros apellidos) que me guiarais por los entresijos de una autopsia, además de Miguel Botella, de la Universidad de Granada, por enseñarme su colección de huesos y momias y contestar a todas mis preguntas.

Agradezco a Marta Zas toda la información sobre el Servicio de Vigilancia Aduanera. A K. Suleng, la información periodística. M. Hortelano me ahorró alguna visita a la hemeroteca de *Las Provincias*. H. Matute me dio algunos apuntes interesantes sobre la parte dedicada a los testigos mientras comíamos en San Sebastián y en Naukas Bilbao. A P. Serra le agradezco sus vastos conocimientos de botánica aplicada (dejémoslo así) y a R. Blasco los suyos sobre farmacología. También estoy en deuda con H. Leis y V. Prieto, que me pasaron contactos y ayuda para documentar este libro, aunque finalmente no los utilicé por el riesgo de acabar convirtiéndolo en una enciclopedia.

Un libro no es solo la documentación y la escritura, también tiene un contexto. Como el balcón de la casa de Pepe, Loly y Cristian en Camariñas, el balcón más hermoso del planeta, donde se escribieron los primeros capítulos en agosto de 2015 con la relajante vista de la ría y el lejano grito de las gaviotas.

O como la familia, en el sentido más amplio tanto la sanguínea como la política, pero especialmente en el más reducido. Paula y Bea me aguantan a pesar de mi adicción al trabajo y mis innumerables ausencias, ya sean las físicas mientras viajo o las de espíritu porque estoy en casa pero enfrascado en el libro. Sin vuestra ayuda, apoyo y, sobre todo, paciencia, nada de esto sería posible.

# REFERENCIAS

Durante el texto he insertado notas al pie que contienen las citas bibliográficas. En general muchas hacen referencia a noticias de prensa o a artículos científicos que no tienen más interés que el dato que cito en ese momento. No obstante, además de bucear en hemerotecas, para preparar el libro he tenido que leer a su vez bastantes libros sobre el tema, muchos de los cuales os pueden resultar interesantes si queréis profundizar en el campo.

## Libros técnicos


— Bringas-Guillot, R., *Balística y glosario de armamento y balística*. Autoedición, México D. F., 2003.

— James, S. H., Kish, P. E. y Sutton T. P., *Principles of Bloodstain Pattern Analysis. Theory and Practice*, Taylor and Francis Group LLC, Boca Ratón, 2005.

— Johll, M. E., *Química e investigación criminal. Una perspectiva de la ciencia forense*. Reverté, Barcelona, 2008.

— Rodríguez-Cuenca, J. V., *La antropología forense en la identificación humana*. Universidad Nacional de Colombia, Bogotá, 2004.

— Snyder, S. H., *Drogas y cerebro*. Prensa Científica, Barcelona, 1994.

— Thompson, Tim y Black, Sue (eds.), *Forensics Human Iden-*

*tification. An introduction*. Taylor and Francis Group LLC, Boca Ratón, 2007.

Para toda la información sobre España, además de las entrevistas y comentarios personales, ha sido muy útil un libro editado por el Ministerio del Interior para conmemorar el centenario de la policía científica en España:

— *Policía Científica. 100 Años de Ciencia al Servicio de la Justicia*. Publicaciones de la Administración General del Estado, Bilbao, 2010.

Como libros generales, pero más divulgativos:

— Houck, M. M., *Forensic Science. Modern Methods of Solving Crime*. Praeguer, Westport, 2007.
— Owen, D., *40 casos criminales y cómo consiguieron resolverse*. Evergreen, Colonia, 2000.
— Renneberg, R., *Biotecnología para principiantes*. Reverté, Barcelona, 2008.
— Yount, L., *Forensic Science. From Fibers to Fingerprints*. Chelsea House, Nueva York, 2007.

Para los capítulos de medicina y antropología los libros que más he consultado han sido:

*En inglés*

— Bass, B. y Jefferson, J., *Death's Acre*. Time Warner, Londres, 2003.
— Benedict, J., *No Bone Unturned*. Harper-Collins, Nueva York, 2003.
— Holand, S. B., *How we die*. Random House, Nueva York, 1994.
— Roach, M., *Stiff: The Curious Lives of Human Cadavers*. W. W. Norton, Nueva York, 2003 (este sí que ha sido tra-

ducido: *Fiambres. La fascinante vida de los cadáveres*, Global Rhythm Press, Barcelona, 2007).

*En castellano*

— Dorado, E. y Sánchez, J. A., *Lo que cuentan los muertos*. Temas de Hoy, Madrid, 2015.
— Janire Ramila, N., *La ciencia contra el crimen*. Nowtilus, Madrid, 2011.

También recomiendo los libros del desaparecido José Antonio García-Andrade.

Aunque, todo sea dicho, tanto en los libros generales como en los específicos de medicina, no recomendaría la parte de genética. Ni Watson y Crick descubrieron los genes, ni el ADN mitocondrial es monocatenario, ni alguna cosa más sobre genética que he podido leer en alguno de los libros de la lista precedente es cierta.

Además, he consultado:

*Para la parte de genética y biología*

— LeVay, S., *When Science goes Wrong*. Plume, Nueva York, 2008.

*Para la sección dedicada a la pseudociencia*

— Gámez, L. A., *El peligro de creer*. Léeme, Alcalá de Henares, 2015.

## Recursos en internet

Recomiendo encarecidamente a cualquiera que desee profundizar en el tema el curso de ciencia forense de Roderick Bates, de la Nanyang Technological University de Singapur, disponible en la plataforma Coursera. Ha sido muy útil para todos los capítulos. Disponible en <https://es.coursera.org/course/ntufsc>.

En la web he consultado el blog *Magonia* (www.magonia.com) de mi amigo L. A. Gámez.

Para documentar casos reales he consultado la *Murderpedia* de J. I. Blanco (murderpedia.org).

Y como sé que lo estáis pensando, sí, también he consultado la *Wikipedia*, aunque con cuidado, puesto que en temas forenses hay bastantes datos erróneos (por ejemplo, Alfredo Salafia, el embalsamador de Rosalía Lombardo, no era su padre, como aparecía en la versión en castellano, aunque ya se ha corregido; en la versión inglesa este dato aparece de forma correcta).

Como *podcast* recomiendo *Elena en el País de los Horrores*, el programa de Elena Merino en Radio San Vicente, que me ha servido como fuente de consulta para casos reales. Disponible en <http://www.ivoox.com/podcast-podcast-elena-en-el-pais-de-los-horrores_sq_f135568_1.html>.